科技强国科普丛书

新华社记者带你探秘

《量子科技：新华社记者带你探秘》编委会◎编著

量子科技

新华出版社

图书在版编目（CIP）数据

量子科技：新华社记者带你探秘 /《量子科技：新华社记者带你探秘》编委会编著
北京：新华出版社，2021.7
ISBN 978-7-5166-5960-1

Ⅰ. ①量… Ⅱ. ①量… Ⅲ. ①量子论—普及读物 Ⅳ. ① O413-49

中国版本图书馆 CIP 数据核字（2021）第 139199 号

量子科技：新华社记者带你探秘

策　　划：高广志

责任编辑：张　程	**封面设计**：华兴嘉誉	

出版发行：新华出版社

地　　址：北京石景山区京原路 8 号　　　邮　　编：100040

网　　址：http://www.xinhuapub.com

经　　销：新华书店、新华出版社天猫旗舰店、京东旗舰店及各大网店

购书热线：010-63077122　　　　中国新闻书店购书热线：010-63072012

照　　排：华兴嘉誉

印　　刷：三河市君旺印务有限公司

成品尺寸：200mm×190mm　　1/24

印　　张：6.5　　　　　　　　字　　数：100 千字

版　　次：2021 年 7 月第一版　　印　　次：2021 年 7 月第一次印刷

书　　号：ISBN978-7-5166-5960-1

定　　价：32.50 元

前　言

习近平总书记指出：我们比历史上任何时期都更接近中华民族伟大复兴的目标，我们比历史上任何时期都更需要建设世界科技强国！

我国第十四个五年规划和二〇三五年远景目标提出，坚持创新在我国现代化建设全局中的核心地位，把科技自立自强作为国家发展的战略支撑，并进一步提出要深入实施科教兴国战略、人才强国战略、创新驱动发展战略，完善国家创新体系，加快建设科技强国。

20 世纪 60 年代，党和国家就提出"四个现代化"的国家战略，最后一个就是科学技术现代化，现在我们提出全面建设社会主义现代化强国，科学技术从来都是我国实现现代化的重要内容。

科学技术从来没有像今天这样深刻改变着人类的命运。信息、生命、能源、海洋、空间、制造等领域的科技新突破不断涌现，引领行业颠覆性变革。量子科技成为现代社会的基石，量子计算、量子通信、量子测量正掀起"量子革命"，说不定哪一天我们就能实现科幻世界里的"瞬间移动"；月球、火星等新空间探索将人类对广袤宇宙的开发利用推上新高度，说不定哪一天我们就会成为火星上的居民；合成生物学、基因编辑等孕育着新的变革，它究竟会怎样为人类提供更好的健康服务……

党的十八大以来，以习近平同志为核心的党中央坚持把创新作为引领发展的第一动力，经过全社会共同努力，我们科技事业取得历史性成就、发生历史性变革，一些前沿领域已开始进入并跑、领跑阶段。我们在载人航天、嫦娥探月、火星探测、北斗导航、FAST（天眼）、量子信息、5G、铁基超导、超级计算、载人深潜、高速铁路、干细胞、脑科学等许多领域取得重大成果，令人骄傲和自豪，这进一步增强了我们发展高科技、实现高质量发展的信心和决心。

新华社记者几乎见证了我国每一项重大科研成果的发展历程。新华社作为国家通讯社，拥有一批优秀科技新闻报道记者，他们常年活跃在报道第一线，每时每刻都在记录和权威发布我国重大科技创新进展，深度挖掘科技背后的新闻。新华社报道形式多样，综合运用文字、图片、音视频、动漫、H5、VR、创意海报、数据图表、动新闻、轻应用等形式，呈现给受众的是全媒体采集、全媒体发布的新业态。基于这样优质科技报道资源，我们将每一项重大科研成果作为一个选题精编成一本书，陆续推出《新华社记者带你探秘——嫦娥探月》《新华社记者带你探秘——量子科技》《新华社记者带你探秘——天问一号》等 10 余册，当你打开这套丛书时，呈现的也是全媒体业态，既有文字，也有图片，扫描二维码还可以看到相关视频。我们力图将深奥的科学道理通过人们喜闻乐见的方式呈现出来，适合不同年龄段读者阅读。这是一套展示我国最新科技成就全媒体科普通俗读物。

当今世界正处于百年未有之大变局，中国进入实现"两个一百年"的历史交汇期，我们面临的国际环境日趋复杂，自身发展遇到新挑战，核心技术受制于人的"卡脖子"现象日益突出。这是我国发展必须迈过的"一道坎"。中华民族自古以来就是一个聪明、坚毅、越艰险越向前的民族。我们过去有李四光、钱学森、钱三强、邓稼先等一大批老一辈科学家，新中国成立后又成长了陈景润、黄大年、南仁东等一批杰出科学家，今后一定会涌现像他们一样饱含爱国情怀、充满探索精神的新一代科学家。

核心技术不是一朝一夕就能攻克的，它需要长期积累的基础学科、基础研究作支撑，需要"十年磨一剑"，久久为功，才能不断实现从"0"到"1"的突破。策划这套科技强国科普丛书的目的就是希望加速营造全社会崇尚科学、追逐梦想的浓厚氛围，读者看了这套书，能够引起哪怕一点点对未来世界的好奇，尤其是青少年读者，如果能够点燃你们立志当科学家的梦想，我们就会倍感欣慰。

　　仰望星空，还有多少未知世界等着我们去探索；俯瞰大海，梦想的力量指引我们抵达真理彼岸。

　　我们会不断关注世界和中国科技最前沿成就，及时编辑成册，不断充实到这套丛书中，以飨读者。

新华出版社副社长　高广志

二〇二一年三月十日

目录
CONTENTS
量子科技

001　第一章
什么是量子?

量子是什么? 从"微观世界规律"到人类"新物理革命" / 002

绝了, 科技圈用这些比喻看量子 / 008

画说科技·量子 | 撸明白"薛定谔的猫" / 013

画说科技·量子 | 遇事不决, 量子力学? / 016

019　第二章
什么是量子科技?

神秘的量子科技, 你了解吗? / 020

量子通信 玄而不虚 / 026

量子科技产业化: "无人区"里"加速跑" / 030

量子互联网会取代传统互联网吗? / 037

量子科技应用前景广泛, 但还有很长的路要走 / 041

043　第三章
量子科技竞争

全球"量子霸权"争夺战观察 / 044

量子科技为何让科技大国竞相"纠缠"? / 061

法国启动 18 亿欧元量子技术国家投资规划 / 069

西班牙: 量子革命再造网络安全 / 070

073　第四章
"墨子号"量子卫星的故事

世界首颗量子科学实验卫星"墨子号"发射成功 / 074

"墨子"号证明："幽灵作用"相距千公里仍存在 / 080

千里纠缠、星地传密、隐形传态："墨子号"抢占量子科技创新制高点 / 087

"墨子号"最难任务：现实版"超时空传输" / 093

"墨子号"量子卫星成功实现洲际量子密钥分发 / 098

从 32 厘米到 4600 公里！中国构建全球首个星地量子通信网 / 101

"墨子号"首次太空实验：尝试结合量子力学与广义相对论 / 104

"墨子号"卫星亮绝技　量子通信概念脉动 / 107

113　第五章
中国量子科学家的故事

实现里程碑式突破！中国量子计算原型机"九章"问世 / 114

探"微观世界"，抓"关键变量"：中国科学家与量子"纠缠"的故事 / 121

"量子 U 盘""祖冲之号"……中国科学家冲刺量子科技 / 129

"量子追梦人"潘建伟 / 136

郭国平：为中国"量子算力"奋斗 / 142

突破 500 公里！我国科学家创造现场光纤量子通信新世界纪录 / 147

Chapter

01

第一章

什么是量子?

量子是什么？从"微观世界规律"到人类"新物理革命"

9世纪末，欧洲一些学者认为从牛顿力学到热力学、电磁理论，人类的"物理学大厦"已全部建成，再没有多少可研究的了。

但是，在1900年，德国物理学家马克斯·普朗克提出了量子理论，为人类开启了探索"微观世界规律"的"新物理革命"。量子理论也与相对论一起，成为现代物理学两大支柱。

开"量子之门"：微观世界里的奇妙"叠加"与"纠缠"

量子是什么？根据量子理论，量子是最小的、不可再分割的能量单位。我们中学物理书上提到的分子、原子、电子，其实都是量子的不同形式。可以说，我们的世界由量子组成，我们每个人都是"24K"纯量子产品。

在我们日常生活的宏观世界里，物体的位置、速度等，都可以通过经典力学精确测算。但在微观量子世界里，却有着截然不同的奇妙物理规则，最有代表性的是"叠加"与"纠缠"。

在宏观世界，任何物体在某一时刻都有确定的状态和位置。但在微观世界，量子却同时处于多种状态和多个位置的"叠加"。

物理学家薛定谔曾用一只猫比喻量子叠加：箱子里有一只猫，在宏观世界中它要么是活的，要么是死的。但在量子世界中，它可以同时处于生和死两种状态的叠加。

如果用一个人来比喻，他不仅同时处于生和死两种状态的叠加，还可以同时身处多个地点，比如既在北京又在上海。

更难以想象的是，量子的状态还经不起"看"：如果你去测量，它就会从多个状态、多个位置，变成一个确定的状态和位置了。也就是说，如果你打开"薛定谔的箱子"，猫的叠加态就会消失，你会看到一只活猫或一只死猫。而"量子人"的"分身术"也会消失，他会出现在北京或上海。

叠加已经很奇妙，但当两个量子"纠缠"在一起，那种奇怪连爱因斯坦都难以接受。

根据量子理论，如果两个量子之间形成"纠缠态"，那么无论相隔多远，当一个量子的状态发生变化，另一个也会"瞬间"发生相应变化。爱因斯坦曾把这一现象称作"鬼魅般的超距作用"。

▶ 2020 年 12 月 4 日，中国科学技术大学宣布该校潘建伟等人成功构建 76 个光子的量子计算原型机"九章"，求解数学算法高斯玻色取样只需 200 秒。这一突破使我国成为全球第二个实现"量子优越性"的国家。这是光量子干涉实物图：左下方为输入光学部分，右下方为锁相光路，上方共输出 100 个光学模式，分别通过低损耗单模光纤与 100 超导单光子探测器连接。（新华社发 刘军喜摄）

从"被动"到"主动"，两次"量子革命"深刻改变人类文明

量子理论诞生一百多年来，国际学界运用多种实验和数学方法检验均发现，量子的奇妙特性客观存在。

"量子力学是一个神秘的、令人捉摸不透的学科，我们谁都谈不上真正理解，只是知道怎样去运用它。"美国物理学家、诺贝尔奖获得者穆雷·盖尔曼曾这样说。

"量子理论的出现，在上世纪引发第一次量子革命，催生了现代信息技术。"中科院院士、中国科学技术大学潘建伟教授介绍，基于量子理论，核能、激光、半导体等科技得以问世，进而发展出计算机、互联网、手机等重大应用。

进入 21 世纪，量子领域的新发现、新理论、新技术密集涌现，预示着"第二次量子革命"已进入加速期、起跑期。

"第二次量子革命的战鼓已敲响！"英国《自然》杂志评论说。

"第一次量子革命，人们只问量子理论能让我们做什么，不去问为什么，是被动的观测与应用。"中科院院士、中科院量子信息重点实验室主任郭光灿说，第二次量子革命则是主动利用量子特性，开发出量子通信、量子计算和量子精密测量等创新应用。

这些应用的革命性在哪里？简单来说，量子通信可以在理论上做到通信的绝对保密，量子计算可以令人类的运算能力实现指数级增长，比如传统计算机需要数万年才能破解的复杂

密码，量子计算机几秒钟内就能破解。传统测量技术最小只能探测到微米量级，而量子测量可以进一步精细千倍、万倍达到原子量级。

中国量子崛起，美好未来可期

如今，量子科技已成为国际上风起云涌的战略科研方向。近期，欧盟拟投资 80 亿欧元支持新一代超级计算技术，量子计算是其中重要内容。美国开通国家量子协调办公室网站，并发布了聚焦八大研究领域的《量子前沿报告》。

而经过三十多年努力，中国已崛起为国际量子科研版图上的重要力量，在多个战略方向上实现领跑或进入第一阵营。

近年来，我国多次创造量子比特纠缠数量的世界纪录；发射世界首颗量子实验卫星"墨子号"，实现千里纠缠、星地传密、隐形传态三大科学目标；开通世界首条量子保密通信干线"京沪干线"，实现世界首次洲际量子保密通信。

当前，量子科技已进入"产业化前夜"。展望未来，量子计算有望为药物研发、能源勘探、金融分析、气象预报等大规模计算提供全新方案；量子测量发挥测量精度、灵敏度优势，有望在科研、医疗、能源、灾害预防等领域大显身手；量子通信融合量子计算技术，构成高速、安全的"量子互联网"，与人工智能、区块链等技术相结合，可为人类生活增添无限可能。（新华社记者徐海涛、董瑞丰）

绝了，科技圈用这些比喻看量子

普朗克、爱因斯坦、玻尔、海森堡、费米、薛定谔……20 世纪科学界许多最为杰出的头脑，都为一个概念着迷——量子。

进入 21 世纪，仍然有无数的科学家与量子不断地"纠缠"，创造一个一个奇迹。

但是在普通人眼中，量子以及量子科技仍是一种"神秘莫测"的存在，那在科技圈，量子是什么样的？量子科技又是怎样的尖端科技？研究量子有多难？科技圈流传的这些浅显易懂的比喻或许能解开你心中的疑惑。

（街采：量子是什么？
听听他们怎么说）

量子可以说是鱼群中的一条条鱼，上台阶时的一个个台阶

物理学往往是违背人类直觉的，一个恰当的比喻，可以帮助大家理解违背直觉的物理定律。对于量子这个抽象概念，中国科学院物理所研究员曹则贤曾打过这样一个比方：我们

生活中可以见到的、感知到的事物，包括光与能量的最小单位都能称之为量子。就像我们远处看鱼群是乌泱乌泱的一片黑，但是放大了看就是一条条鱼，这一条条鱼就可以说是鱼群的量子。

中国科学技术大学副研究员、科普专家袁岚峰在媒体上这样撰文解释：量子的本意是个数学概念，简言之就是"离散变化的最小单元"。什么叫"离散变化"？袁岚峰这样解释：我们统计人数时，可以有一个人、两个人，但不可能有半个人、三分之一个人。我们上台阶时，只能上一个台阶、两个台阶，不能上半个台阶、三分之一个台阶。这些就是"离散变化"。对于统计人数来说，一个人就是一个量子。对于上台阶来说，一个台阶就是一个量子。如果某个东西只能离散变化，我们就说它是"量子化"的。

"量子水""量子鞋垫"都是假的，不是量子产品

生活中有哪些量子的存在？中科院院士、中国科学技术大学郭光灿教授举例说，量子力学实际上早就应用到日常生活中了，例如现在我们用的手机、电脑，它的原理就是量子力学，但老百姓不知道它来源于量子力学。现在的手机、电脑是使用量子力学开发出来的经典技术，它们的核心装置是芯片，芯片里面的处理器基本单元是晶体管，晶体管是根据量子力学里面的能带理论制造出来的，晶体管造出来之后才有手机、计算机的芯片。还有当今互联网传输信号必须使用的激光，它是根据爱因斯坦的光量子辐射理论产生的，不过激光本身是经典的，它的量子效应很低，所以可以忽略。由此可知，现代的手机、电脑、互联网都是来源于量子

力学开发的经典技术。

真正的量子科技确实离广大民众还很远，因为还没有一种量子产品成为老百姓的必需品。目前市场上有很多带着"量子"二字的产品，什么"量子水""量子鞋垫"，这些都是假的，都不是量子产品，短时间内量子产品也不可能走进千家万户。

未来量子科技将影响生活的方方面面

郭光灿教授介绍，展望未来的话，如果通用量子计算机得到了广泛应用，那么各个行业，医疗、农业生产、工业生产、人工智能，整个社会方方面面都会受到量子技术的影响，量子计算机能够超过电子计算机，密码领域量子通信可以提升传输的安全，量子传感可以测量很多很重要的参数。

医疗方面，我们生产新药物的速度会大大提高，这是因为新药制造需要计算机模拟哪个配方是最有效的，使用电子计算机模拟非常慢，但量子计算机很快就能计算出来，这就关系到老百姓的身体健康；人工智能方面，无人驾驶汽车传感器处理的速度会更快，性能就会提高；农业方面，量子计算机出来后，可以研究清楚光合作用是怎么回事，有科学家预言，如果这个应用研究成功了，太阳能的利用会从现有的10%提高到20%~30%，农业会出现跳跃式发展，全球老百姓的吃饭就不会有问题。

研制量子计算机，就像"用原子垒起一座金字塔"

量子科技对于未来生活的影响可以说是颠覆性的，但很少有人知道，研究量子有多难。作为中国知名的空间光电载荷专家，中国科学院院士王建宇比喻，实现量子卫星"天地实验"，"相当于人在万米高空，把硬币扔进地面的一个储钱罐"。

中科院量子信息重点实验室副主任、中国科学技术大学教授郭国平说，研制量子计算机，就像"用原子垒起一座金字塔"。

我国从 10 年前不起眼的国家发展为现在的世界劲旅

郭光灿教授说，我们国家在量子领域的整体研究水平处在国际第一梯队的位置。

细分来看，我们在量子密码领域跟国际一流是不相上下的，但我不能说它领先，因为美国从 2015 年开始就不再公布他们的研究成果了，我们不知道他们在什么程度，自然也不能说领先他，但我们可以说不会输他，我们是一流水平。

在量子计算机上我们落后美国大概五年以上的水平，但我们在这个领域也占有一席之地。近期空客集团发起了一个竞赛，请全世界研究量子计算的人使用量子计算机来解决某些问题，一共有 36 个单位参加，入围决赛的 5 家单位中我国就有一家。

而在量子信息技术上，我们可以实现世界上最高维度的量子纠缠，可以实现最高粒子数的纠缠，也可以达到世界上最高的纠缠的保真度，所以我们量子信息技术也是居于国际前沿的。

　　中国"量子之父"、量子物理学家、中科院院士潘建伟介绍，我国在量子科技领域产出了多光子纠缠及干涉度量、量子反常霍尔效应、世界首颗量子科学实验卫星"墨子号"、量子保密通信"京沪干线"、世界首台光量子计算原型机等一批具有重要国际影响力的成果。

　　正如英国《自然》杂志评价的一样，中国在量子领域，"从 10 年前不起眼的国家发展为现在的世界劲旅"。未来，量子也会慢慢揭开神秘面纱，走入寻常百姓家。（新华网思客综合）

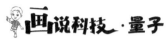

撬明白 "薛定谔的猫"

大家好，我是科技狂热粉小A！从这期起，咱们一起探索热点科技的好玩、好看和好处。第一弹就是听上去洋里洋气、怪里怪气的"薛定谔的猫"……咱们一起往下看。

量子盒子里的这只猫，是活的还是死的？

它同时处于生和死两种状态。但你打开盒子一看，它就只有生或死一种状态了。

你在宏观世界，它在微观世界，你俩"境界"不同。它"既生又死"，还会"分身术"同时身处多地。

这太荒诞了

还是这只乖

微观世界　　　　宏观世界

[这是一个"量子"大问题]

什么是量子？

咱们中学物理书上提到的分子、原子、电子，其实都是量子不同的形式。世界由量子组成。

包括你，都是"24K"纯量子产品。

纯量子造

物理学大厦已经建成啦！

F≡ma

1899年

太幼稚！这里有与经典物理学完全不同的物理规则。

1900年量子论　1905年相对论

盒子盖上，我同时处于多种状态和多个位置。盒子一开，叠加态、"分身术"都没了。

量子君

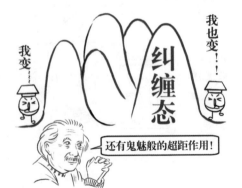

我变……　我也变！！

纠缠态

还有鬼魅般的超距作用！

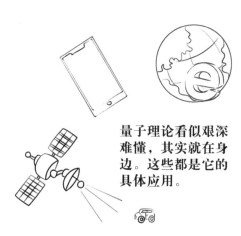

量子理论看似艰深难懂，其实就在身边。这些都是它的具体应用。

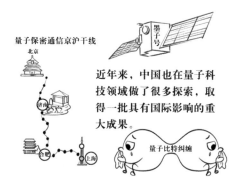

量子保密通信京沪干线

近年来，中国也在量子科技领域做了很多探索，取得一批具有国际影响的重大成果。

记者：徐海涛　水金辰

绘制：夏园园

画说科技·量子

遇事不决，量子力学？

量子骗局不少，
但亮瞎双眼的"牛"操作更多

量子挂坠，能辐射
"神秘能量"防癌

量子袜子，"防臭脚"
还能"增能量"

量子美颜喷雾，能
"直达肌肤底层"

量子波动阅读培训班

几分钟看完10万字书

翻得越快、
和宇宙的距离就越近

现在网上的骗局越多，越说明大众期盼真正的量子产品。其实，一批亮瞎双眼的量子黑科技已经在萌芽，看过来！

量子黑科技，快到碗里来！

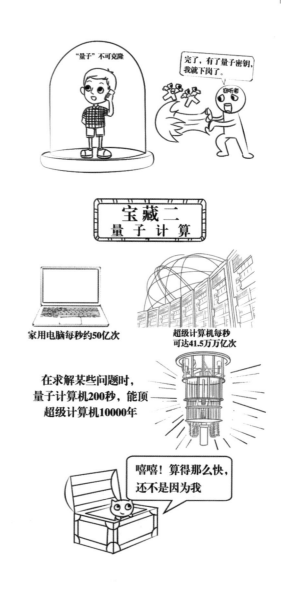

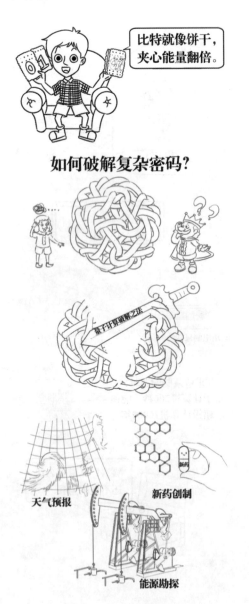

比特就像饼干，夹心能量翻倍。

如何破解复杂密码？

天气预报

新药创制

能源勘探

厘米 毫米

分子、原子量级的物质能看到吗？

我可以！看我量子超强视力！

量子精密测量

肝癌细胞

DNA分子

感知越深入，创新越给力

了解了这么多，
对未来的量子世界
是不是憧憬？
期待吗？
撸袖，干起来！

记者：徐海涛 水金辰

绘制：夏园园

Chapter

02

第二章

什么是量子科技?

神秘的量子科技，你了解吗？

什么是量子科技？量子科技有多牛？在生活中哪些会用到这种"科幻般的技术"？如何在量子科技领域加快发展？

量子科技是什么？

要搞懂量子科技，还要从量子力学说起。

量子力学发源于 20 世纪初，许多科学家——普朗克、爱因斯坦、玻尔、海森堡、薛定谔等为之着迷，它是研究物质世界微观粒子运动规律的物理学分支，如果一个物理量存在最小的不可分割的基本单位，则这个物理量是量子化的。

我们应该都听过"薛定谔的猫"：箱子里有一只猫，在宏观世界中它要么是活的，要么是死的。但在量子世界中，它可以同时处于生和死两种状态的叠加。这个实验只是通过宏观角度的猫来为我们解释微观世界的叠加状态，这就是一个量子力学的故事，让很多人猜不着摸

什么是量子科技?

解读量子科技还要从量子力学说起

量子力学发源于20世纪初,是研究物质世界微观粒子运动规律的物理学分支

**如果一个物理量存在最小的不可分割的基本单位,
则这个物理量是量子化的**

量子力学中有一些"违背常理"的特点,
如著名的难知死活的"薛定谔的猫"等

但相关理论不断获得实验支持,在一百多年里催生了许多重大发明——

原子弹、激光、晶体管、核磁共振、全球卫星定位系统等

改变了世界面貌

**量子信息技术则是量子力学的最新发展,
代表了正兴起的"第二次量子革命"**

在量子信息技术中,具有代表性的是**量子通信和量子计算**
这也是**各主要科技大国重点抢占的战略技术高地**

新华社记者 施嫚珂 编制

▲ 这是安装在国家超级计算无锡中心的"神威·太湖之光"超级计算机。（新华社记者 李博摄）

不透，人们常常用一句半开玩笑的话来形容"量子力学"："遇事不决，量子力学。"

不过，调侃归调侃，"量子力学"是今天被验证的最严密的物理理论之一，至今为止，所有的实验数据均无法推翻"量子力学"。

量子力学建立100多年，催生了许多重大发明——原子弹、激光、晶体管、核磁共振、全球卫星定位系统等，改变了世界面貌。

量子信息技术则是量子力学的最新发展，代表了正兴起的"第二次量子革命"。在量子信息技术中，具有代表性的是量子通信和量子计算。

量子科技有多牛？

谷歌曾称，其研发的量子计算机成功在3分20秒时间内，完成传统计算机需1万年时间处理的问题，并声称是全球首次实现"量子霸权"；清华大学副校长、中国科学院院士薛其坤说，目前全球一年产生的数据需要百亿TB的存储量才能完成，而未来的量子存储设备，可能只需指甲盖大小就能存储人类几百年的信息数据……

而更多量子领域的现象还未得到科学解释：超导体，完全屏蔽磁场；超流体，内部摩擦力为零；时间晶体，经典时空对称破缺；不用光的反射成像；可以通过光改变引力为斥力的卡西米尔效应；单原子酶催化，背后量子隧穿现象等等。可以说，量子科技就是人类科学认知的极限，会让你的想象力都开始显得匮乏……

加快发展量子科技，为什么这么重要？

近年来，量子科技发展突飞猛进，成为新一轮科技革命和产业变革的前沿领域。加快发展量子科技，对促进高质量发展、保障国家安全具有非常重要的作用。

薛其坤表示，量子科技在未来不但使我们计算机的计算能力提高，通信更快，还有传感技术更灵敏，信息精度越来越精确，这些方面都会有大幅的提高。对未来的数字技术、量子技术起到真正革命性的支撑作用，其他的技术都是渐进性的发展。

各国在量子科技领域有怎样的发展？

现阶段，量子科技领域的国际竞争日益激烈，许多国家启动了量子科技战略计划。

近期，欧盟拟投资 80 亿欧元支持新一代超级计算技术，量子计算是其中重要内容；美国也一直支持量子科技发展，最新动向是在 10 月 7 日，白宫科学和技术政策办公室启用了国家量子协调办公室的官方网站，同时发布了《量子前沿报告》；近日德国公布量子计算机计划，预计 2021 年可投入使用；日本作为全球科技强国同样不甘落后，为实现量子领域逆袭，将大力培养"量子人才"。

经过三十多年努力，中国已崛起为国际量子科研版图上的重要力量，在多个战略方向上实现领跑或进入第一阵营。近年来，我国多次创造量子比特纠缠数量的世界纪录；发射世界首颗量子实验卫星"墨子号"，实现千里纠缠、星地传密、隐形传态三大科学目标；开通世界首条量子保密通信干线"京沪干线"，实现世界首次洲际量子保密通信。

如何在量子科技领域加快发展？

顶层设计和政策支持。坚持创新自信，敢啃硬骨头，要保证对量子科技领域的资金投入，同时带动地方、企业、社会加大投入力度。

人才队伍是关键。北京量子院超导量子的科研带头人于海峰表示："在量子科技领域，一方面需要善于统筹的领军人才；另一方面需要敢闯'无人区'的青年人才。"

量子科技发展还要促进产学研的深度融合和协同创新。于海峰说："比如超导量子计算，某种程度上来说已经进入到科学工程化了，单一的高校实验室或者研究所的实验室不太适合发展，需要一个比较大的团队在整合材料科学、微纳米加工、低温微波工程、软件、电子学仪表方面，需要协同攻关，让企业参与，谷歌和 IBM 的成功就是这方面的典型范例。我们也要跟优秀企业协同攻关，进行量子计算机的研发。"

突破关键核心技术。量子科技发展取决于基础理论研究的突破，颠覆性技术的形成是个厚积薄发的过程。要加大关键核心技术攻关，不畏艰难险阻，勇攀科学高峰，在量子科技领域再取得一批高水平原创成果。

经验总结。要系统总结我国量子科技发展的成功经验，借鉴国外的有益做法，找准我国量子科技发展的切入点和突破口，抢占量子科技国际竞争制高点，构筑发展新优势。

未来，量子科技会彻底改变我们的生活，给社会带来巨大的红利，就像 10 多年前，我们不会想到现在的手机会有这么多的功能，会给生活带来这么多的可能性，让我们拭目以待吧！（新华网思客综合）

量子通信　玄而不虚

　　经过百年发展，看似艰涩难懂的量子力学理论基础已十分深厚，与相对论一样使物理学大厦的基座更加坚实。量子通信是全球科学界让这些理论走向实际应用的一个典范，而中国的量子卫星项目是其中的杰出代表。

理论坚实

　　起源于上世纪初的量子力学用概率描述物理现象，看起来的确有些"玄"：微观尺度上的粒子"可能"在这里又在那里，"可能"同时向两个方向运动；粒子之间还可以互相纠缠——通过某种方式即时地远程感知、影响对方。

　　经过爱因斯坦、玻尔、海森堡、薛定谔等科学巨擘不断完善，量子力学理论初步成形并持续发展。这套看似"不合常理"的理论获得越来越多的实验支持，催生了许多重大发明——原子弹、激光、晶体管、核磁共振、全球卫星定位系统等。欧盟 2016 年宣布将量子技术作为新的旗舰科研项目时，将上述成果称为"第一次量子革命"。

而量子信息技术是量子力学的最新发展，代表了正在兴起的"第二次量子革命"，其中最具代表性的就是量子通信和量子计算。

量子通信主要解决通信安全性问题。传统信息加密技术依赖数学算法的复杂性，但随着计算能力的飞速提升，再复杂的加密算法也有可能被破解。基于"量子密钥"的量子通信，则从客观物理规律这一根本出发，做到"绝对安全"。

比如，量子本身即是最小单元，用一个光量子传递信息时，窃听者无法分割出"半个量子"来获取信息；量子力学的"测不准原理"则约束了窃听行为本身，只要有人试图测量量子，量子的状态就自动发生改变，"举报"窃听行为；此外，量子的不可克隆性决定了窃听者无法精准复制量子信息。

因此，用量子做成"密钥"来传递信息，窃听必然会被发现，且加密内容不可破译。

量子通信早已是学界研究热点。1997 年，一篇关于"实验量子隐形传态"的论文在英国《自然》杂志发表，经层层评审后还入选"百年物理学 21 篇经典论文"，潘建伟院士就是作者之一。他此次获评《自然》杂志年度十大科学人物，也彰显量子通信受到国际科学界高度关注。

什么是量子通信？它是量子物理学和密码学相结合的一门新兴学科，利用量子态的物理性质为通信双方提供绝对安全的通信方式。量子保密通信从量子力学不确定性原理和量子态不可克隆定理出发，从理论上保证了保密性，即通信双方能够监测到窃听者的存在并采取相应的措施。这一特性是由量子物理的基本原理所保证的，因为观察或者测量一个量子系统均会造成量子态的扰动，从而造成可以检测的反常，提醒通信双方泄密。量子通信的核心优势在于：无条件安全、高效抗干扰。

实践验证

从美国到欧洲、从顶尖科研机构到科技企业巨头，围绕量子技术的攻关已全面展开，量子革命引发的新一轮科技竞赛如火如荼。而量子通信也从理论构想逐步走向现实应用，中国在这方面取得的突破举世瞩目。

今年6月，利用"墨子号"量子科学实验卫星，中国科研团队在国际上率先成功实现了千公里级的星地双向量子纠缠分发。这一成果被美国《科学》杂志以封面论文形式发表，获称"兼具潜在实际应用和基础科学研究重要性的重大技术突破"。

9月底，世界首条量子保密通信干线——"京沪干线"正式开通，结合"墨子号"卫星，中国科学院院长白春礼与奥地利科学院院长、量子通信的国际权威科学家安东·蔡林格实现了世界首次洲际量子保密通信。

蔡林格此前接受新华社记者采访时说，中国在量子通信领域的成就令人瞩目。"爱因斯坦一定会对此感到惊讶，"他笑着说，"因为这些量子力学理论，比如量子纠缠，现在已经真的进入实际应用，这超出了爱因斯坦的预期。"

"京沪干线"是一条连接北京、上海，贯穿济南和合肥的量子通信骨干网络，全长2000

余公里，可满足上万名用户的密钥分发业务需求。通过这条线路，交通银行、工商银行、阿里巴巴集团也实现了京沪异地数据的量子加密传输等应用。

（量子计算，未来计算技术的"心脏"）

　　蔡林格预计，未来 20 年内，量子通信技术有望在世界范围内广泛应用，将来甚至可能出现"量子互联网"，而量子计算机、量子互联网、量子卫星将被一起应用，为未来新科技打下基础。（新华社记者刘石磊）

量子科技产业化："无人区"里"加速跑"

最有知名度的是量子通信，最有想象力的是量子计算，最有可能先实用化的是量子测量……在这片量子产业"无人区"里，一批中国企业正与国外企业站在同一起点，为拥抱产业化浪潮加速"奔跑"。

量子通信：从"天地一体化"走向大众生活

早上9点，在位于安徽合肥高新区的科大国盾量子技术股份有限公司，表面贴装生产车间已开始运转，经过光学检测后的电路板，正堆叠起来等待下一步工序。

作为在科创板上市的"量子科技第一股"，国盾量子创立已有十多年。公司生产负责人徐炎介绍，为保障国家广域量子保密通信骨干网络一期项目相关设备在今年底前按时交付，公司已连续多日加班加点。

近年来成功研制"墨子号"量子卫星与量子通信"京沪干线"，使中国成为世界量子通信应用的领先者。两者结合，中国与奥地利实现了世界首次洲际量子保密通信，标志着构建出天地一体化的广域量子通信网络雏形。

目前，量子通信的产业化方向主要在"保密通信"，与传统通信相结合，提高信息传输的安全性。

"基于量子的'不可克隆定理'，量子通信能够实现不怕破解的长期安全。"国盾量子总裁赵勇说，未来将量子计算、量子测量等功能融入，最终可实现高安全性的"量子互联网"。

"我们正在与通信、金融等行业深度合作，开发更经济、更便于终端接入的软硬件产品，拓展 2C 端用户。"国盾量子解决方案经理张如通说，他们已开发出量子安全 U 盾、安全手机等，未来将有更多产品走入大众生活。

量子计算：日夜兼程攻关"超级机器"

2020 年 9 月，我国首个 6 比特超导量子计算云平台正式上线，由中国科学技术大学郭光灿院士团队的成果转化企业合肥本源量子计算科技有限公司研发，基于自主研发的量子计算机"悟源"，保真度、相干时间等技术指标达到国际先进水平。

对大众来说，量子计算是一个新奇事物。相比电子计算机，量子计算机理论上运算能力将有指数级增长，在密码分析、气象预报、石油勘探、药物设计等领域很有前景，被认为将是下一代信息革命的关键动力。

但研制难度超乎想象。"量子计算对环境要求特别高，不仅要超低温，还要'超洁净'，

△ 2020 年 5，工作人员在中科院量子信息与量子科技创新研究院建设工地安装玻璃幕墙（无人机照片）。中科院量子信息与量子科技创新研究院形如爱因斯坦提出的光量子假说公式"E=hν"，将承载我国首个"天地一体化"的量子实验室。（新华社发 黄博涵摄）

极其微弱的噪声、光线、磁场和微小颗粒都会扰乱信号，整个系统非常复杂、困难。"本源公司轮值董事长孔伟成比喻，研制量子计算机就像"用一个一个的原子垒起一座金字塔"。

十几年来，在中科大的实验室里，有一批科研人员为了量子计算机的梦想日夜奋斗。他们先后实现了单比特、2 比特、3 比特、6 比特的量子芯片，开发出量子测控一体机、量子编程语言 QRunes。他们取得了国内多项零的突破，跟上了国际先进科研机构的节奏。

"从早晨 7 点到晚上 12 点，我们每天都有人在实验室。"本源公司副总裁张辉说，他们正在研发下一代量子芯片，预计明年底推出 20 比特的量子计算机，未来 3 年实现 50 比特到 100 比特的量子计算机。

量子测量："原子级"精密产业见曙光

相比量子通信、量子计算，量子测量显得更为神秘。它的应用涵盖科研、医疗、地质、能源、灾害预防等。

国仪量子（合肥）技术有限公司是国内最早成立的量子测量企业，技术源于中科院院士杜江峰领导的科研团队。

"量子测量的精度可以达到原子量级。"国仪公司副总经理张伟介绍，传统测量技术最小只能探测到微米量级，而量子技术可以精细千倍、万倍到纳米、亚纳米量级，带来革命性的技术进步。

比如将量子测量用于电网，可以精确监测电流、电压。用于探矿，可以边钻井边测量周

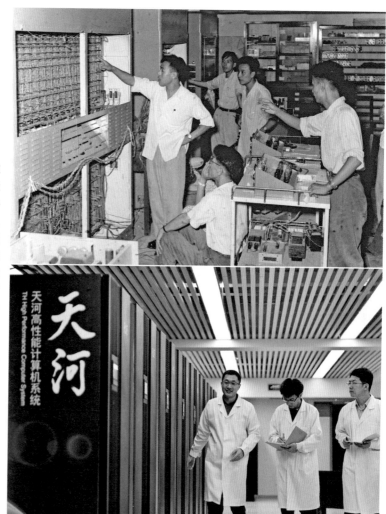

▶ 上图为 1958 年，中国科学院计算技术研究所和有关单位在苏联的技术援助下试制成功我国第一台通用电子计算机——"八一"型电子计算机。这是工作人员在观察运行工作中的通用电子计算机（新华社记者李基禄摄）；下图为 2019 年 4 月 24 日，在国家超级计算天津中心"天河三号"原型机机房内，国家超级计算天津中心应用研发部部长孟祥飞（左）和同事一起巡查（新华社记者李然摄）。

从依靠国外援助生产出中国第一台计算机，到今天完全由我国自主研发的新一代百亿亿次超级计算机——"天河三号"原型机，一代代中国计算机人怀揣理想与信念，为推动我国科技事业发展不断拼搏努力、克难攻坚。在 2019 年发布的新一期全球超级计算机 500 强榜单上，中国超算上榜数量蝉联第一，中国在超算领域的创新能力备受国际业界关注。（新华社发）

边地质成分。用于医疗，可以精确分析血液微量物质含量。

目前在量子领域，中国的论文和专利数量位居全球第二位。国内外的量子测量研究都刚从实验室走向市场，大家处于同一起跑线。

国仪量子开发的脉冲式电子顺磁共振波谱仪等产品已上市，与能源和电力行业进行了合作研发。

"现在量子测量设备在体积、功耗等方面尚存不足，需要加强研发，也需要培育一批配套企业，形成产业链共同提高工程化水平。"张伟说，公司现在全力以赴往前冲，不断有新技术冒出来，相信产业前景将是一片蓝海。（新华社记者徐海涛、汪奥娜、马姝瑞）

量子互联网会取代传统互联网吗？

信息搜索、收发邮件、视频会议……我们的日常生活已经与互联网密不可分。距离互联网的前身、美国军方组建的"阿帕网"诞生已逾半个世纪，量子互联网这一新兴技术名词最近又频频出现在美欧科技战略规划中。它将给当下互联互通的世界带来哪些颠覆性变化？未来是否有取代传统互联网的可能？

量子互联网会取代传统互联网吗

在"互联网"的基础上叠加了"量子"概念，究竟与传统互联网有何不同？

简单来说，量子互联网利用了量子物理学的独特原理，与今天使用的传统互联网有本质差异。相关专家认为，可将量子互联网视为由多个量子计算机或其他量子器件组成的广大网络，核心功能是能完全实现任意节点之间的量子信息传递，从而开启全量子信息处理的新时代。

这里还需打破一个误解，量子互联网与传统互联网是互补关系，而非替代关系。荷兰代尔夫特理工大学研究团队曾在美国《科学》杂志发表一篇关于量子互联网的综述。综述称，量子互联网将和人们今天使用的经典互联网协同发展，通过连接量子信息处理器，可获得经典信息处理器无法具备的能力。

百度研究院量子计算研究所所长段润尧在接受新华社记者专访时介绍，量子互联网在传输速度、信道容量以及安全性等方面具有较大优势，可进一步提升传统互联网在这些方面的性能。此外，传统互联网作为经典通信最重要的基础设施，也将持续在量子互联网时代扮演关键角色。

量子互联网最核心的技术基础还是高可靠的量子通信，即构建足够高质量的量子通信信道来实现量子信息的高保真度长程传输。正如目前广泛使用的传统互联网需要路由器、交换机等基础设施，量子互联网的实现也需要量子中继器、量子路由器、量子存储器等核心技术器件。

量子互联网未来应用前景如何

相关专家认为，从现在到今后约 5 至 7 年内，量子互联网的主要应用是量子通信技术对传统互联网的"赋能"，集中在国家安全、金融安全及其他高度依赖安全通信的领域。段润尧说，这方面的代表性技术还是量子密钥分发（QKD）。之后，随着量子纠缠分发和量子计算等技术的逐步完善，量子云服务会日益普遍，普通用户也可使用远程的大规模量子计算机。

此外，利用量子互联网还有望实现全新传感技术，在军事国防中有较大应用潜力。北京理工大学物理学院量子技术研究中心教授尹璋琦介绍，量子互联网能够带来传感灵敏度的极大提升。例如，利用量子网络所实现的时间基准一旦用于北斗全球定位系统，将会极大提升其授时、定位精度与安全性。

不过，段润尧估计，要实现全联通的大规模量子通信需10年以上，这高度依赖量子计算的实际进展。由于我们对量子计算的能力和应用还有待认识，到那时量子互联网的应用就更需"大胆想象"。比如，或许可以远程实现医疗样本的高精度采样和传递，从而在一定意义上消除医疗资源等在物理空间上的分布限制。另一潜在应用是将通信网络的范围扩展到地球之外的太空，借助量子计算和量子通信技术揭开宇宙更多的奥秘。

美欧加紧布局量子互联网建设

美国和欧洲已意识到了量子互联网的上述重大战略意义，率先在政府层面出台了相关规划。

欧盟"量子旗舰计划"官网今年3月发布《战略研究议程》报告。报告称，未来3年将推动建设欧洲范围的量子通信网络，完善和扩展现有数字基础设施，为未来的量子互联网发展奠定基础。

2020年7月，美国能源部公布了量子互联网发展的战略蓝图，提出要确保美国处于全球量子竞赛的前列，引领通信新时代。美国能源部下属各国家实验室、大学及工业界人士今年 2 月在纽约制定了这份战略蓝图，内容包括要完成的核心研究、工程和设计瓶颈以及近期要达成的目标。能源部下属的 17 个国家实验室将联网成为未来量子互联网的骨干网，然后逐渐加入大学、私营企业等。

尹璋琦说，这份路线图是美国国家量子战略的产物。"在美国政府看来，量子互联网实现的意义与 1969 年美国国防部高级研究项目局（DARPA）资助实现的全球首个网络'阿帕网'是可以比拟的。"（新华社记者彭茜）

量子科技应用前景广泛，但还有很长的路要走

2020 浦江创新论坛开幕式及全体大会 10 月 22 日在上海举行。国家自然科学基金委员会副主任、北京大学物理学院教授、中国科学院院士谢心澄在接受新华网专访时说，量子科技话题火热，因为的确有很广泛的应用前景。

（扫描观看视频）

据谢心澄介绍，量子理论实际上已经有 100 年的历史，晶体管、激光等重大发明都是量子理论的产物，它们为人类带来了现代信息社会。当前的第二次量子革命科技热潮，以量子信息科技发展为代表，涉及对量子理论更加深入的发展和应用，可能带来更大的影响，所以再次引起大家关注。

量子信息技术具有广泛的应用前景，未来可能与民生紧密相关。比如，量子计算在量子化学模拟、药物研发等方面将发挥作用。"化学过程对经典计算机来说是极具挑战的任务，因此药物研发初期通常过程非常漫长，如使用量子计算模拟，则有可能显著地节约研发时间。"谢心澄说。

▲ 国家自然科学基金委员会副主任、北京大学物理学院教授、中国科学院院士谢心澄接受新华网专访（新华网 周靖杰摄）

在某些特定的问题上，量子计算机的速度要比最强大的经典计算机快很多倍，这让大众看到量子计算的能力。但谢心澄认为，距离实现成熟、实用化的量子计算机这一最终目标，未来还有很长的路要走。（新华网记者赵秋玥）

Chapter

03

第三章

量子科技竞争

全球"量子霸权"争夺战观察

谁先夺取"量子霸权",谁就掌握了技术制高点、标准制定权和舆论主导权,在产业竞争中占据有利地位。

"谁先开发出量子计算机,没有的国家,就有可能经历一场国家安全噩梦。"

以企业和科研机构为先导,世界主要科技国家均已"参战"。

与量子通信的全面领先相比,中国的量子计算虽整体处于"第一阵营",但只有个别方向"领跑"、大多处于"跟跑"。

因为量子,国际 IT 巨头近期集体"躁动"了。继 2017 年年底 IBM 抢先发布"50 比特量子计算机样机"、英特尔于 2018 年年初发布"49 比特量子芯片"后,仍在研制的谷歌和微软的"新量子武器",日前已迫不及待"放风卡位",称几周内将公布"里程碑式"重大成果。

这是一场关乎未来的信息生产力之战。IT 巨头们急于抢占的是第一制高点:量子霸权。在量子理论诞生 118 年之后,"第二次量子革命"的竞争进入关键阶段。目前,以企业和科研机构为先导，世界主要科技国家均已"参战"。

量子理论发轫于 1900 年，当时的中国只能做看客；在 20 世纪下半叶"第一次量子革命"催生、兴起至今的信息科技浪潮中，中国成为"后发快跑"的追赶者；在第二次量子革命的临界点、加速段、窗口期，"中国量子军团"能否成为破门者、引领者、胜利者？

新世界颠覆旧秩序的转折点

相比传统计算机，量子计算机是一种原理上的颠覆式超越。

20 世纪 80 年代，诺贝尔奖获得者理查德·费曼等人提出构想，基于两个奇特的量子特性——量子叠加和量子纠缠构建"量子计算"。

传统计算机通过控制晶体管的高低电平，决定一个比特是"1"还是"0"，组成数据序列串行处理。

而叠加性让一个量子比特可以同时具备"1"和"0"两种状态，纠缠性可以让多个比特共享状态，创造出"超级叠加"的量子并行计算，计算能力随比特数增加呈指数级增长。

理论上讲，量子计算机可以将传统计算机数万年才能处理的复杂问题，几秒钟就解决。拥有 300 个量子比特，就能支持比宇宙中所有粒子数量更多的并行计算。

而量子霸权，正是新世界颠覆旧秩序的标志性转折点。这个"靶点"2011 年由美国物理学家提出，意指当量子计算机发展到 50 个比特时，计算能力将超越全球最快的传统计算机，实现"称霸"。

谁先夺取"量子霸权",谁就掌握了技术制高点、标准制定权和舆论主导权,在产业竞争中占据有利地位。

这就是 IBM、英特尔等企业急于推出 50 和 49 量子比特成果,并引起国际高度关注的原因。

"霸权"竞争日趋激烈

宣布重大突破的 IBM 和英特尔,是否已经实现或逼近量子霸权?答案是并没有。

▶ 2017 年 5 月 3 日,中国科学技术大学陆朝阳教授(中)和学生们在中科院量子信息和量子科技创新研究院上海实验室检查光量子计算机的运行情况。当日,中国科学技术大学潘建伟院士在上海宣布,我国科研团队成功构建的光量子计算机,首次演示了超越早期经典计算机的量子计算能力。实验测试表明,该原型机的取样速度比国际同行类似的实验加快至少 24000 倍,通过和经典算法比较,也比人类历史上第一台电子管计算机和第一台晶体管计算机运行速度快 10 倍至 100 倍。(新华社记者 金立旺摄)

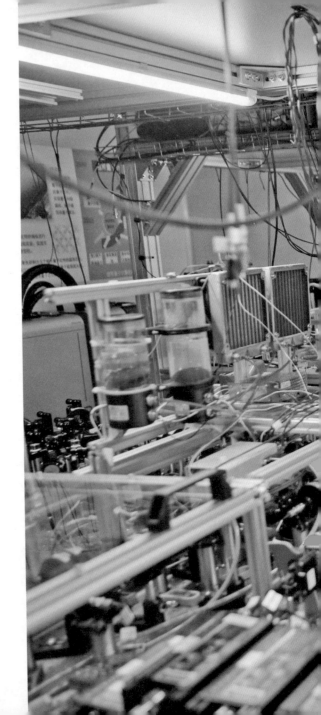

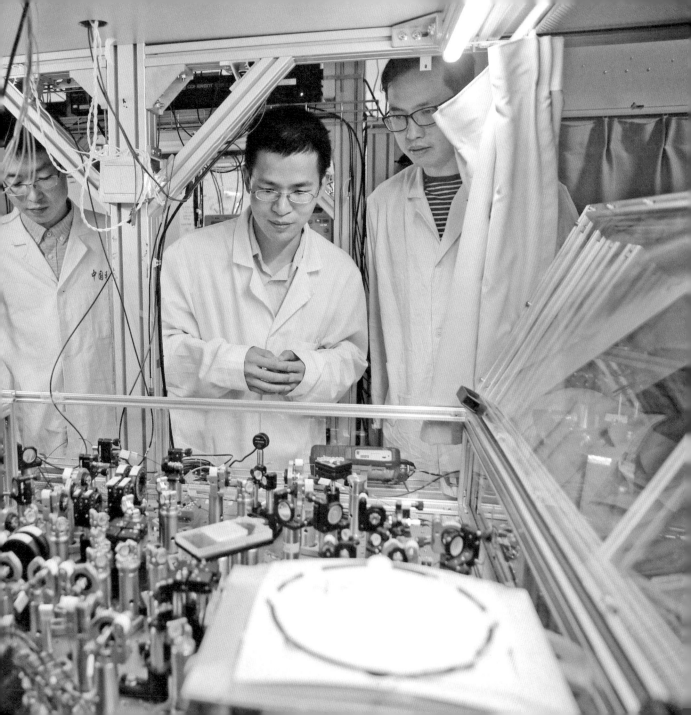

数量够了，质量不够。多位业内专家介绍，量子霸权所指的 50 个比特，数量是一方面，更要看量子纠缠操纵精度、相干特性、逻辑门保真度等指标，这才是主要难点。

"实现量子霸权至少有两个关键技术：比特数和纠错容错能力，不能保持脆弱的量子相干性，无法实现真正意义上的量子计算。"中科院院士、中科院量子信息重点实验室主任郭光灿介绍说，近年来量子比特数研究进展较快，但纠错容错能力进展缓慢。

美国得州大学奥斯汀分校量子信息中心主任斯科特·阿伦森表示，量子数量远不是唯一的关键因素，加拿大 D-Wave 公司的产品已实现了 2000 个量子比特，但这些量子位似乎没有足够长的相干时间，以至于该产品并没有明显胜过传统计算机。

"样机"和"测试芯片"未获认可。2017 年度菲涅尔奖获得者、中国科学技术大学教授陆朝阳认为，IBM 发布的是"样机"，没有公布有价值的测试结果，并不被学界认可。只有经过严格的同行评议并在国际学术期刊上发表测试结果，才具权威性。

国家"超级 973"固态量子芯片项目首席科学家郭国平认为，英特尔发布的是测试芯片，测试结果还未可知。从英特尔的技术方案来看，实现量子霸权还有很长的路要走。

"称霸门槛"已经提高。量子霸权的指标定为 50 个比特，是因为当时认为模拟 49 量子比特是传统计算机的极限。但去年 10 月，在美国劳伦斯·利弗莫尔国家实验室的传统计算机上，成功模拟了 56 比特的量子计算机。

《瞭望》新闻周刊记者获悉，近期中国的一个量子研究组再次刷新纪录，可模拟超过 60 个比特的量子计算。这意味着，量子霸权的"门槛"已提高到 60 个以上，未来还可能提高。

受访学者们认为，几大 IT 巨头密集发布量子计算进展，很大程度上是出于商业目的，争夺行业话语权和公众眼球。但从侧面也表明，量子计算加速发展，国际竞争日趋激烈。

多国投入"战局"

尽管还未实现量子称霸，但主流观点认为，量子霸权时代必然会到来，这是一场谁都输不起的竞争。

在信息时代，量子计算技术一旦突破，掌握这种能力的国家，会在经济、军事、科研、安全等领域迅速建立全方位优势。

"如果说传统计算机是机关枪，量子计算机就像核武器。"中科院院士、中国科学技术大学常务副校长潘建伟说。

美国马里兰大学教授克里斯托弗·门罗表示，"谁先开发出量子计算机，没有的国家，就有可能经历一场国家安全噩梦。"

近年来，多个国家投入巨资启动量子计算研发。

2017 年 10 月，美国国会举办听证会，讨论如何确保"美国在量子技术领域的领先地位"。IBM 投入 30 亿美元研发量子计算等下一代芯片，微软公司与多所大学共建量子实验室。

欧盟从 2018 年开始，投入 10 亿欧元实施"量子旗舰"计划。英国在牛津大学等高校建立量子研究中心，投入约 2.5 亿美元培养人才。荷兰向代尔夫特理工大学投资 1.4 亿美元研究量子计算。

◀ 2017年1月19日，在加拿大温哥华科学馆，人们参观量子科学展。量子科学展是加拿大为庆祝建国150周年举行的全国性科学展览之一。（新华社发 梁森摄）

◀ 2019年6月17日，在德国法兰克福，一名参观者在第34届国际超级计算大会中科曙光展台前参观新一代硅立方高性能计算机。该计算机采用全浸没式相变液冷技术，由中科曙光自主研制，通过计算、网络、存储、节能等各个环节的技术创新，实现了综合性能的大幅跃升。（新华社记者 逯阳摄）

◀ 2019 年 6 月 18 日，在德国法兰克福，一名工作人员在第 34 届国际超级计算大会中科曙光展台前操作新一代硅立方高性能计算机。该计算机采用全浸没式相变液冷技术，由中科曙光自主研制，通过计算、网络、存储、节能等各个环节的技术创新，实现了综合性能的大幅跃升。（新华社记者 逯阳摄）

▲ 俄罗斯量子中心量子光学科研人员在实验室内进行科研活动。(新华社外代图片 北京 2014 年 1 月 28 日)

▲ 瑞典皇家科学院将 2012 年诺贝尔物理学奖授予法国物理学家塞尔日·阿罗什和美国物理学家戴维·瓦恩兰,以表彰他们在量子物理学方面的卓越研究。(新华社记者 刘一楠摄)

日本计划 10 年内在量子计算领域投资 3.6 亿美元。加拿大已投入 2.1 亿美元资助滑铁卢大学的量子研究。澳大利亚政府、银行等出资 8300 万澳元在新南威尔士大学成立量子计算公司。

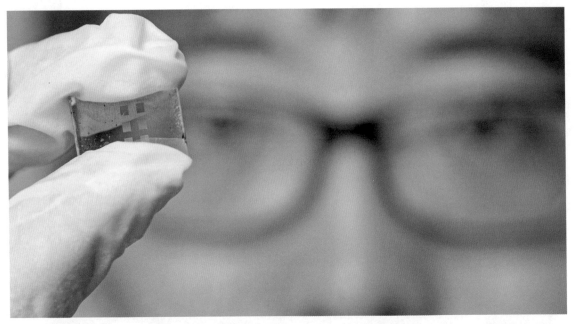

▲▲▶ 一个国际研究团队日前在美国《科学》杂志上发表论文说，他们发明了一种微型"量子透镜"，能够高效控制和检测光束中的量子信息，助力量子计算机与通信网络间的信息传输。这种新型透镜厚度约为头发丝的百分之一，具有硅纳米结构组成的"超表面"，可实现对多个光量子同时成像，以便解读出光束中的量子信息。这是 2018 年 9 月 10 日，论文第一作者、澳大利亚国立大学非线性物理中心博士生王凯在澳大利亚国立大学实验室拿着"量子透镜"样品。（新华社发 兰农·哈利摄）

各国攻关量子计算机的战略已经明确，但实现路径并不相同。目前在超导、半导体、光量子、超冷原子等多条技术路线上推进。

"将来哪条路线能实现通用量子计算机，鹿死谁手还未可知。"郭光灿说。

量子算法是另一个不确定因素。要发挥量子计算机性能，必须针对不同问题设计算法，目前国际上已在因数分解和无结构数据库搜索两个方面取得进展。

"依靠因数分解能力，将来可以破解广泛应用的加密算法 RSA，那么无论是信用卡、支付宝，还是正在兴起的区块链技术，都将被极大地动摇。"中科大副研究员、科技与战略风云学会会长袁岚峰表示，算法的演进将深刻影响量子计算"战局"。

中国的机遇与挑战

凭借着潘建伟、郭光灿等领军科学家及团队的一系列重大突破，如今的中国已站在世界量子信息科研的舞台中央。近两年来，中国发射了世界首颗量子通信科学实验卫星，首次实现千公里量子纠缠，成功研发全球首台超越早期经典计算机的光量子计算机。

据英国政府的统计报告显示，中国量子科研论文发表量排名全球第一、专利应用排名第二。在"第二次量子革命"的起步阶段，中国异军突起，跃入国际"第一阵营"。

但与量子通信的全面领先相比，中国的量子计算虽整体处于"第一阵营"，但只有个别方向"领跑"、大多处于"跟跑"。

据了解，在量子计算多条技术路线上，中国在光量子方向领先，在半导体、超冷原子方向稍落后，在超导方向明显落后。如 IBM、英特尔公布实现 50 个、49 个超导量子比特，中国已公布的最高为 10 个。

多位学者认为，面对群雄并起、充满变数的复杂局面，中国的挑战与机遇并存，应保持战略定力与科技自信，发挥制度优势。

"如果说实现通用量子计算机像一场马拉松，现在才跑了几公里。你前面领先，我后面有机会。"郭国平等人认为，关键的技术竞争还在后面。

潘建伟介绍说，他十几年前回国启动量子通信研究的时候，不断有人质疑："这个东西这么难，中国能做成吗？""发达国家还没做，中国先做有风险吗？"

"这是一种'科技不自信'，不太相信我们能做一些超越的事。"潘建伟说，得益于国家支持和"集中力量办大事"的体制优势，中国量子通信走到了世界最前列，他对量子计算同样充满信心。

决胜未来，中国需组建"集团军"

在中国《"十三五"国家科技创新规划》中，作为引领产业变革的颠覆性技术，量子计算机已被列入科技创新 2030 重大项目。

业界普遍认为，未来 5 到 10 年是量子计算研究的窗口期和爆发期，决胜关键在于资源布局与协同。

目前国际上研制量子计算机主要有两种组织模式，一种是"公司驱动、市场导向"，一种

▲ 世界首台超越早期经典计算机的光量子计算机在中国诞生。2017 年 5 月 3 日，一名科研人员在中科院量子信息和量子科技创新研究院上海实验室内调整操作台上的激光干扰器。（新华社记者　方喆摄）

是"科研驱动、目标导向"。

第一种模式的代表有 IBM、谷歌、英特尔等，公司与耶鲁大学、加州大学等科研机构合作，以市场需求为导向推动成果商业化，带动量子软硬件技术发展。

第二种模式包括中国等国家，以科研机构为主导，瞄准通用量子计算机的科研目标，对外寻求与企业合作推进产业化。

受访学者认为，这两种模式各有利弊，但在量子计算机研究进入实用化、产业化的临界点，中国应该统筹科研力量、深化产业协同。

近期国内出现"量子热"，多个地方布局量子研究，"招兵买马"建实验室。学者们认为，重视量子科研是好事，但如果大家都上马，客观上会分散资金和力量，造成重复建设。

"量子科研做到现在，已经不是一个学者或一个团队层面的竞争，而是成了国家综合实力的竞争。"潘建伟说。

"20 年前，我曾经有些冒失地给钱学森先生写信，希望他能像研制'两弹一星'一样，牵头组织攻关量子计算机。"郭光灿回忆，钱老回信说，他已经坐在轮椅上不能出来工作，但很支持这个想法。

郭光灿建议，中国筹划建设的量子信息国家实验室应尽快落地，发挥体制优势，协调各方力量全国"一盘棋"，"大家协同创新，在各自环节上做到最好，而不是每个团队单打独斗。"

产业化方面，目前中国有阿里巴巴、中船重工等公司与中科大量子科研团队开始合作，安徽省政府设立了 100 亿元的量子产业投资基金。但无论是规模还是深度，与 IBM、谷歌等组建的"量子产学研联盟"都有较大差距。

　　"要打赢量子霸权争夺战，不能做'游击队'，一定要组织'集团军'。"郭光灿说，量子计算机产业涉及硬件、软件、标准、工程技术、用户习惯等方方面面，需要政府支持、科研机构、企业合作乃至社会大众的关注。只有凝聚优势力量，创新运行机制，中国才能主导"战局"，避免重走传统计算机产业被动、跟随的老路。（新华社记者徐海涛）

量子科技为何让科技大国竞相"纠缠"?

　　从顶层设计、战略投资再到人才培养等,全球多国近年来在量子科技领域持续投入。那么什么是量子科技?在现实生活中有何应用前景?各国及科技企业在相关领域的发展态势如何?

　　解读量子科技还要从量子力学说起。量子力学发源于 20 世纪初,是研究物质世界微观粒子运动规律的物理学分支,如果一个物理量存在最小的不可分割的基本单位,则这个物理量是量子化的。量子力学中有一些"违背常理"的特点,如著名的难知死活的"薛定谔的猫"等。但相关理论不断获得实验支持,在一百多年里催生了许多重大发明——原子弹、激光、晶体管、核磁共振、全球卫星定位系统等,改变了世界面貌。

　　量子信息技术则是量子力学的最新发展,代表了正兴起的"第二次量子革命"。早在 2016 年,欧盟就宣布将量子技术作为新的旗舰科研项目,迎接"第二次量子革命"。美国也一直支持量子科技发展,最新动向是在 10 月 7 日,白宫科学和技术政策办公室启用了国家量子协调办公室的官方网站,同时发布了《量子前沿报告》。

▲ 2016 年 5 月 25 日，在中国科学院上海微小卫星工程中心拍摄的量子卫星的星上单机。

　　这既是中国大陆首个、更是世界首个量子卫星，发射成功后将可以实现全球化的量子保密通信。据量子科学实验卫星首席科学家、中国科学技术大学教授、中科院量子信息与量子科技前沿卓越创新中心主任潘建伟院士介绍，量子通信的安全性基于量子物理基本原理，单光子的不可分割性和量子态的不可复制性保证了信息的不可窃听和不可破解，从原理上确保身份认证、传输加密以及数字签名等的无条件安全，可从根本上、永久性解决信息安全问题。另外潘建伟透露，"京沪干线"大尺度光纤量子通信骨干网工程预计于下半年交付。他说，这一工程将构建千公里级高可信、可扩展、军民融合的广域光纤量子通信网络，建成大尺度量子通信技术验证、应用研究和应用示范平台。结合量子卫星和京沪干线，将初步构建我国天地一体化的广域量子通信体系。（新华社记者 才扬摄）

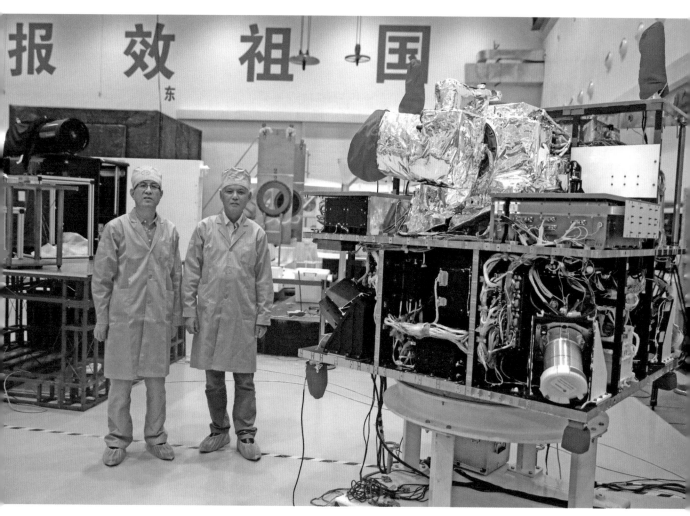

▲ 量子科学实验卫星总设计师朱振才（左）与副总工程师周依林在量子卫星旁合影留念。（新华社记者　才扬摄）

在量子信息技术中，具有代表性的是量子通信和量子计算。这也是各主要科技大国重点抢占的战略技术高地。

量子通信：信息安全传输的"保护盾"

量子通信是利用量子力学相关原理解决信息安全问题的通信技术。其中一个著名原理就是量子纠缠，两个处于纠缠状态的粒子就像有"心灵感应"，无论相隔多远，一个粒子状态变化，另一个也会随之改变，爱因斯坦称之为"鬼魅般的超距作用"。传统的通信方式有被窃听的风险，而在量子通信中，窃听者必然被察觉并被通信双方规避。量子通信因此常被称作信息安全传输的"保护盾"，在保密领域有很大应用前景。

近年来，中国量子通信技术取得多项突破性进展。比如 2016 年 8 月，中国发射了自主研制的世界上首颗空间量子科学实验卫星"墨子号"；此后，中国科研人员利用量子卫星在国际上率先成功实现了千公里级的星地双向量子纠缠分发等成果。2017 年，全球首条量子保密通信骨干网"京沪干线"项目通过总技术验收。

2020 年以来，在量子通信领域中国学者"捷报频传"。有关方面 3 月宣布，中国科学技术大学潘建伟团队等研究人员实现了 500 公里级真实环境光纤的双场量子密钥分发和相位匹配量子密钥分发，传输距离达到 509 公里，创造了新的世界纪录。有关方面 9 月宣布，郭光灿院士团队与奥地利同行合作，首次实现了高保真度的 32 维量子纠缠态，显著提高了量子通信的信道容量。

▶ 在第二十二届中国
国际高新技术成果交
易会上，京东方的工
作人员展示可以收纳
拉伸的曲面屏。（新华
社记者　毛思倩摄）

▲ 在位于湖南大学校园内的国家超级计算长沙中心，工作人员在检查"天河"超级计算机运行状况（2017 年 2 月 13 日摄）。（新华社记者 苏晓洲摄）

量子计算：未来计算技术的"心脏"

量子计算是各国优先发展的另一重点科技领域。百度研究院量子计算研究所所长段润尧告诉新华社记者："量子计算是这一场新量子革命最具有代表性的技术，是未来计算技术的心脏。"

与传统计算机相比，量子计算机有独特优势。传统计算机中 1 个比特在某个时间只能是 0 或 1 中的一个状态，而在量子计算机里，由于量子叠加态的存在，1 个量子比特可同时记录 0 和 1 两个状态。因此，量子计算机拥有计算能力远超传统计算机的潜力。但目前人类能同时操纵的量子比特还不多，量子计算机尚未走向大规模实用。

在量子计算赛道，谷歌、微软、英特尔等西方科技企业拥有先发优势，通过不同技术路径不断实现对更多量子比特的操纵。2019 年 10 月，谷歌研究人员在英国《自然》杂志发表论文称，基于一个包含 54 个量子比特的量子芯片开发了量子计算系统，它花费约 200 秒完成的任务，传统超级计算机要 1 万年才能完成。这在当时被称作实现了"量子霸权"，即让量子计算机在某个特定问题上的计算能力超过传统计算机，但也有一些业界人士对相关细节提出疑问。

中国研究人员也在量子计算方面奋起直追。中国科学技术大学、清华大学等高校近年来都在量子计算领域取得一些阶段性成果。百度、阿里巴巴、腾讯、华为等科技企业也相继出台了量子计算研究计划。2020 年 9 月，百度、本源量子等企业先后发布了自己的最新量子计算云平台，使普通用户也能通过云技术使用量子计算。

虽然量子计算机距离大规模普及还有很长的路要走，但相关前景广阔。段润尧说："量子计算将极大促进当前人工智能及其应用的发展，深刻地改变包括基础教育在内的众多领域。特别是，借助于量子计算技术，人类对于微观世界的认识以及宏观世界的探索将得到极大扩展，从而引发人类思维能力的根本性提升。"（新华社记者彭茜）

法国启动 18 亿欧元量子技术国家投资规划

法国国家科学研究中心 2021 年 1 月 21 日发布公报说，法国总统马克龙当天宣布启动一项投资总额达 18 亿欧元（1 欧元约合 7.86 元人民币）的量子技术国家投资规划，用于未来 5 年发展量子计算机、量子传感器和量子通信等，并推动相关产业的教育培训工作。

公报说，这 18 亿欧元将由国家和社会资本合作投资。

另据法国媒体报道，马克龙 21 日在巴黎萨克莱大学纳米科学和纳米技术中心发表演讲时说，希望通过这项国家投资规划，使法国有机会成为"首个拥有通用量子计算机完整原型机的国家"。

马克龙说，法国要避免在量子技术领域过度依赖他国，完全掌控量子技术价值链对于法国持久独立地开展有关研究、确保具备专有技术和产业自主化至关重要。（新华社记者陈晨）

西班牙：量子革命再造网络安全

众所周知，量子计算机可以处理不同状态的光子或电子（而不是传统的芯片）——两者通过叠加和纠缠运作。这意味着只有 0 和 1 的计算机将走向终结。我们进入了量子比特时代，迎来了这个世界新的计量单位。

近年来，IBM 和阿里巴巴等企业相继推出量子计算机，谷歌公司甚至宣布实现了"量子霸权"。

人们开始为研制出具有更多量子比特的设备展开角逐，不过德国马克斯·普朗克研究所的伊格纳西奥·西拉克和因曼努埃尔·布洛克等专家说，要使量子计算有意义，可扩展性是至关重要的一个因素。如果不攻克这道难关，追求第一名是毫无意义的。

不管怎么说，这个新时代的潜力都是巨大的。如果引入量子计算，我们将可以解决复杂的科学计算问题，这是使用当前技术无法实现的。此外，随着量子技术的引入，我们将目睹网络安全原则发生翻天覆地的变化。

人们可能会问，量子计算与网络安全究竟有着怎样的关系呢？答案很简单，一言以蔽之：加密。

目前，我们的通信和数据档案系统大多通过加密来保护：密码可以对最敏感的信息进行加密和解密。这些密码可以是公共的或私人的，对称的或不对称的，它们通过复杂计算以伪随机的方式生成。

但无论密码有多长，用于生成密码的计算有多复杂，都是以传统计算的限制为基础的。随着量子计算机的到来，破解这些密码仅需几个小时，这样一来，安全系统便无法发挥作用。

据市场共识预测，网络攻击者将在未来 5 至 10 年内具备量子能力。彼时，企业和政府必须紧跟趋势以扭转这种局面，成为使用量子计算强化自身的角色。

美国国家航空航天局艾姆斯研究中心的埃莉诺·里费尔博士呼吁采用更大的密码容量，以避免量子威胁。与此同时，里费尔表示，借助这种新技术，破解基于公共密码的加密更是轻而易举的事情。

显然，必须采取措施以预防此类情况的发生。应对方法同样要从量子计算入手，目的是要研发出比现在更加强大的密码和加密系统。

美国量子经济发展联盟执行总裁约瑟夫·布罗兹在 2021 年消费电子展的一场会议上指出："企业必须开始规划它们的量子安全战略。埃里克·施密特等专家正加紧对此施压。"

布罗兹认为，今年我们将目睹某种基于云的"量子霸权"论证。不同于谷歌自称的"量子霸权"，基于云的"量子霸权"将验证该领域的有效算法。布罗兹还认为，我们正在以量子计算机可以处理的算法更多、更好地转化当前问题。

　　我们将进入 20 世纪 70 年代物理学家斯蒂芬·威斯纳预言的量子加密时代。澳大利亚 QuintessenceLabs 等企业正对此进行钻研。

　　由维克拉姆·夏尔马博士创立的这家企业致力于利用量子技术生成完全随机的数，并在新原则的基础上以更加安全的方式管理加密密码。（《西班牙人报》网站 2021 年 1 月 30 日）

Chapter

04

第四章
"墨子号"量子卫星的故事

世界首颗量子科学实验卫星"墨子号"发射成功

2016年8月16日1时40分，我国在酒泉卫星发射中心用长征二号丁运载火箭成功将世界首颗量子科学实验卫星"墨子号"发射升空。这将使我国在世界上首次实现卫星和地面之间的量子通信，构建天地一体化的量子保密通信与科学实验体系。

量子卫星首席科学家潘建伟院士介绍，量子通信的安全性基于量子物理基本原理，单光子的不可分割性和量子态的不可复制性保证了信息的不可窃听和不可破解，从原理上确保身份认证、传输加密以及数字签名等的无条件安全，可从根本上、永久性解决信息安全问题。

量子卫星2011年12月立项，是中科院空间科学先导专项首批科学实验卫星之一。其主要科学目标一是进行星地高速量子密钥分发实验，并在此基础上进行广域量子密钥网络实验，以期在空间量子通信实用化方面取得重大突破；二是在空间尺度进行量子纠缠分发和量子隐形传态实验，在空间尺度验证量子力学理论。

工程还建设了包括南山、德令哈、兴隆、丽江4个量子通信地面站和阿里量子隐形传态

▶ 2016年8月17日，科研人员模拟地面望远镜向量子卫星发射信标光。8月16日凌晨，我国在酒泉卫星发射中心用长征二号丁运载火箭成功将世界首颗量子科学实验卫星"墨子号"发射升空。这将使我国在世界上首次实现卫星和地面之间的量子通信，构建天地一体化的量子保密通信与科学实验体系。量子卫星升空后，卫星与地面站之间的互动是重头戏。分布在全国各地的五个地面站望远镜和"墨子号"共同构成了量子科学实验卫星系统。（新华社记者 刘坤摄）

实验站在内的地面科学应用系统，与量子卫星共同构成天地一体化量子科学实验系统。

潘建伟表示，我国自主研发的量子卫星突破了一系列关键技术，包括高精度跟瞄、星地偏振态保持与基矢校正、星载量子纠缠源等。量子卫星的成功发射和在轨运行，将有助于我国在量子通信技术实用化整体水平上保持和扩大国际领先地位，实现国家信息安全和信息技术水平跨越式提升，有望推动我国科学家在量子科学前沿领域取得重大突破，对于推动我国空间科学卫星系列可持续发展具有重大意义。

◀ 2016 年 11 月 28 日，在河北兴隆观测站，"墨子号"量子科学实验卫星过境，科研人员在做实验（合成照片）。8 月 10 日，中国科学院宣布，"墨子号"量子科学实验卫星用 1 年时间提前实现了既定 2 年完成的科学目标，标志着我国在量子通信领域的研究在国际上达到全面领先的优势地位。（新华社记者 金立旺摄）

◀研究人员在阿里量子隐形传态实验平台操纵设备，准备与"墨子号"联系（2016年 12 月 9 日摄）。当日，世界首颗量子科学实验卫星"墨子号"在圆满完成 4 个月的在轨测试任务后，正式交付用户单位使用。（新华社记者 金立旺摄）

▲ 2017 年 1 月 18 日，世界首颗量子科学实验卫星"墨子号"在圆满完成 4 个月的在轨测试任务后，正式交付用户单位使用。"墨子号"量子科学实验卫星掠过阿里量子隐形传态实验平台上空（2016 年 12 月 9 日摄）。（新华社记者 金立旺摄）

▲ 2017 年 1 月 18 日，世界首颗量子科学实验卫星"墨子号"在圆满完成 4 个月的在轨测试任务后，正式交付用户单位使用。图为相关单位负责人在交付使用证书上签字。（新华社记者 金立旺摄）

　　本次任务还搭载发射了中科院研制的稀薄大气科学实验卫星和西班牙科学实验小卫星。量子卫星发射入轨后将进行 3 个月左右的在轨测试，然后转入在轨运行阶段。

　　量子卫星工程由中科院国家空间科学中心抓总负责；中国科学技术大学负责科学目标的提出和科学应用系统的研制；中科院上海微小卫星创新研究院抓总研制卫星系统，中科院上海技术物理研究所联合中科大研制有效载荷分系统；中科院国家空间科学中心牵头负责地面支撑系统研制、建设和运行；对地观测与数字地球科学中心等单位参加。

　　2017 年 1 月 18 日，世界首颗量子科学实验卫星"墨子号"在圆满完成 4 个月的在轨测试任务后，正式交付用户单位使用。（新华社记者吴晶晶、杨维汉、徐海涛）

"墨子"号证明:"幽灵作用"相距千公里仍存在

　　中国科学家利用"墨子号"量子科学实验卫星,在国际上率先实现千公里级的量子纠缠分发,证明这种令爱因斯坦都感到困惑的"遥远地点间的诡异互动"在这样大的尺度上依然存在。

　　潘建伟说,这是首次实现空间尺度严格满足"爱因斯坦定域性条件"的量子力学非定域性检验,为未来开展大尺度量子网络和量子通信实验研究,以及开展外太空广义相对论、量子引力等物理学基本原理的实验检验奠定了可靠的技术基础。

"幽灵作用":世纪争论

　　量子纠缠是量子物理中一个最深远和最令人费解的现象,被爱因斯坦称为"鬼魅般的超距作用",它是两个(或多个)粒子共同组成的量子状态,无论粒子之间相隔多远,测量其中一个粒子必然会影响其他粒子。

我国"墨子号"卫星实现千公里级量子纠缠分发

6月16日　中国科学技术大学研究团队宣布

利用"墨子号"量子科学实验卫星在国际上率先成功实现了千公里级的星地双向量子纠缠分发
并于此基础上实现了空间尺度下严格满足"爱因斯坦定域性条件"的量子力学非定域性检验

量子纠缠

在空间量子物理研究方面取得重大突破

被爱因斯坦称为"鬼魅般的超距作用"，
它是两个或多个粒子共同组成的量子状态，
无论粒子之间相隔多远，测量其中一个
粒子必然会影响其他粒子，这被
称为量子力学非定域性

"墨子号"卫星过境时

示意图

青海省
德令哈站
Delingha

同时与两个地面站建立光链路

云南省
丽江站
Lijiang

1203 km

以每秒1对的速度在地面超过1200公里的两个站之间建立量子纠缠

这一重要成果为未来开展大尺度量子网络和量子通信实验研究以及开展外太空广义相对论、量子引力
等物理学基本原理的实验检验奠定了可靠的技术基础

新华社记者 卢哲 金立旺 编制

尽管是量子力学的创始人之一，但爱因斯坦不相信存在"遥远地点间的诡异互动"，他认为量子力学对客观世界的描述是不完备的，量子力学一定还有某些因素尚待发现。然而量子力学的另一位创始人——玻尔认为量子力学没有问题，这种奇异现象是存在的。20世纪二三十年代，量子力学就在他们的争论中发展起来。

到底哪一方理论正确，需要实验来检验。

20世纪60年代，爱尔兰物理学家贝尔原本支持爱因斯坦的观点，他设计出一个数学公式，也就是贝尔不等式，提供了用实验在玻尔与爱因斯坦不同观点之间做出判决的机会。目前科学家所进行的所有实验都支持玻尔一方的观点。

然而，目前的实验还存在漏洞。此外，量子纠缠在更远的距离上是否仍然存在？会不会受到引力等其他因素的影响？潘建伟说，这些基本物理问题的验证都需要实现上千公里甚至更远距离的纠缠分发；另一方面，要实现广域的量子网络也自然要求远距离的纠缠分发。

潘建伟说，由于量子纠缠非常脆弱，会随着光子在光纤内或者地表大气中的传输距离而衰减，以往的量子纠缠分发实验只停留在百公里的距离。

他说，理论上有两种途径可以扩展量子纠缠分发的距离。一种是利用量子中继，尽管量子中继的研究在近些年已取得了系列重要突破，但是目前仍然受到量子存储寿命和读出效率等因素的严重制约而无法实际应用于远程量子纠缠分发。另一种是利用卫星，因为星地间的自由空间信道损耗小，在远程量子通信中比光纤更具可行性，结合卫星的帮助，可以在全球尺度上实现超远距离的量子纠缠分发。

"墨子号"：世界首次空间尺度实验

潘建伟团队早在 2003 年就提出了利用卫星实现远距离量子纠缠分发的方案，随后于 2005 年在国际上首次实现了水平距离 13 公里的自由空间双向量子纠缠分发。2010 年，该团队又在国际上首次实现了基于量子纠缠分发的 16 公里量子态隐形传输。

2011 年底，中科院战略性先导科技专项"量子科学实验卫星"正式立项。2012 年，潘建伟领导的团队在青海湖实现了首个百公里的双向量子纠缠分发和量子隐形传态，充分验证了利用卫星实现量子通信的可行性。

潘建伟教授及其同事彭承志等组成的研究团队，联合中科院上海技术物理研究所王建宇研究组、微小卫星创新研究院、光电技术研究所、国家天文台、紫金山天文台、国家空间科学中心等经过艰苦攻关，克服种种困难，最终研制成功了"墨子号"量子科学实验卫星。卫星于 2016 年 8 月 16 日在酒泉卫星发射中心发射升空。星地量子纠缠分发是卫星的三大科学实验任务之一。

据介绍，"墨子号"卫星过境时，同时与青海德令哈站和云南丽江站两个地面站建立光链路，量子纠缠光子对从卫星到两个地面站的总距离平均达 2000 公里。卫星上的纠缠源载荷每秒产生 800 万个纠缠光子对，建立光链路可以以每秒 1 对的速度在地面超过 1200 公里的两个站之间建立量子纠缠，该量子纠缠的传输衰减仅仅是同样长度最低损耗地面光纤的一万亿分之一。

◄ 青海德令哈量子卫星地面
站的光学望远镜（新华社记
者 冀泽摄）

　　量子卫星工程常务副总师兼卫星总指挥王建宇说，这项天地实验非常困难，量子卫星上
的光轴与地面望远镜光轴要严格对准，用一个形象的比喻就是针尖对麦芒。卫星的对准精度
高于普通卫星的 10 倍，实验才能顺利展开。真正的问题在于，这颗卫星将在人们的头顶以
约 8 公里 / 秒的速度飞驰，地面观测站每次只能持续跟踪几分钟。

　　王建宇说："卫星的对准精度就好比我们在一万米高空的飞机上，向地面扔一个一个硬
币，要准确投入储蓄罐狭长的投币口内，而储蓄罐还在慢慢旋转中；或者说从上海发射一束

光，要瞄准北京任何一扇窗户，指哪打哪。而卫星的探测灵敏度也是国际上最高的，相当于在月球划一根火柴，在地球上都能看到。"

目前为止最重要的研究成果

据介绍，"墨子号"开展的量子纠缠分发实验在关闭局域性漏洞和测量选择漏洞的条件下，获得的实验结果以 4 倍标准偏差违背了贝尔不等式，即在千公里的空间尺度上实现了严格满足"爱因斯坦定域性条件"的量子力学非定域性检验，再次支持了玻尔的观点。

《科学》杂志审稿人称赞该成果是"兼具潜在实际现实应用和基础科学研究重要性的重大技术突破"，"绝对毫无疑问将在学术界和广大的社会公众中产生非常巨大影响"。

"到目前为止，这是我一生中最重要的实验研究成果。"已从事量子物理研究 20 多年，并获得过国家自然科学一等奖的潘建伟说："我们首次能在太空尺度对微观物理学定律检验，而且为将来开展量子引力检验，探索物理学中的很多基本规律奠定了必要的技术基础，打开了一扇大门。这些技术将来还能应用于建设量子网络。"

接下来，中国科学家还计划利用量子卫星，在中国和奥地利的地面站之间实现量子秘钥分发，在北京与维也纳之间实现量子加密通话，此外，加拿大等国家也提出与中国合作开展相关实验。

王建宇说："目前'墨子号'还只能晚上工作，我们希望未来发展技术，可以实现 24 小时都工作。现在卫星每天真正过境工作时间只有 200 至 300 秒，我们希望未来能发射中高轨卫星，使量子卫星走向实用。"

潘建伟还有更为长远的目标，希望在地月之间建立 30 万公里的量子纠缠，并研究引力与时空的结构。

"下一步，我们希望能在地月拉格朗日点上放一个光源，向人造飞船和月球分发量子纠缠。我们希望能够通过对 30 万公里或者更远距离的纠缠分发，来观测其性质的变化，对相关的理论作出解释。"

除了量子纠缠分发实验外，"墨子号"量子科学实验卫星的其他重要科学实验任务，包括高速星地量子密钥分发、地星量子隐形传态等，也在顺利进行中，预计会有更多的科学成果陆续发布。（新华社记者喻菲、徐海涛）

千里纠缠、星地传密、隐形传态："墨子号"抢占量子科技创新制高点

人类能造出不可破解的密码吗？量子通信给出的答案是——能。

向身处遥远两地的用户分发量子密钥，利用该密钥对信息采用一次一密的严格加密，这是目前理论上不可窃听、不可破译的通信方式。中国科学院日前传来最新消息："墨子号"卫星上天一年，已提前完成既定科学目标，将"绝对保密"的量子通信从理论向实用化再次推进了一大步，并为我国未来继续引领世界量子通信技术发展奠定坚实基础。

"我们在量子通信研究领域保持着领跑优势，但竞争日趋激烈。"中科院院长白春礼院士说，美国已经发布了新的量子科研计划，欧盟、日本也在加紧研究，在新一轮的科研比拼中，科研工作者将以时不我待的精神，艰苦奋斗、勇攀高峰。

提前完成三大科学目标：千里纠缠、星地传密、隐形传态

2017年8月10日凌晨，中国科技大学潘建伟、彭承志团队联合中科院上海技物所等单

位宣布，"墨子号"在国际上首次成功实现了从卫星到地面的量子密钥分发和从地面到卫星的量子隐形传态。

这是继 2017 年 6 月实现千公里级星地双向量子纠缠分发和量子力学非定域性检验后，我国科学家利用"墨子号"实现的又两项重大突破。

什么是量子密钥？这得从量子特性和传统信息加密技术的"瓶颈"说起。作为最小的、不可再分割的能量单位，量子具有不可克隆、"测不准"等特性。用量子做成"密钥"来传递信息，窃听必然会被发现，且加密内容不可破译。

传统的信息加密技术，依靠的是计算的"复杂性"，但随着数学和计算能力的飞速提升，再复杂的加密算法也"很快"会被破解。基于"量子密钥"的量子通信，则是一种"原理上无条件安全"的通信方式，也为破解信息加密"瓶颈"提供了解决方案。

"墨子号"为通过太空"量子传密"提供了可能。实验表明，在 1200 公里通信距离上，星地量子密钥的传输效率比地面光纤信道高 1 万亿亿倍，卫星平均每秒发送 4000 万个信号光子，一次实验可生成 300 千比特（kbit）的密钥，平均成码率达 1.1 千比特 / 秒（kbps）。

星地量子隐形传态是"墨子号"的另一个重大科学目标。"墨子号"过境时，与海拔 5100 米的西藏阿里地面站建立光链路，地面光源每秒产生 8000 个量子隐形传态事例，从 500 公里到 1400 公里的距离向卫星发射纠缠光子。实验表明，所有 6 个待传送态均以大于 99.7% 的置信度超越了经典极限。

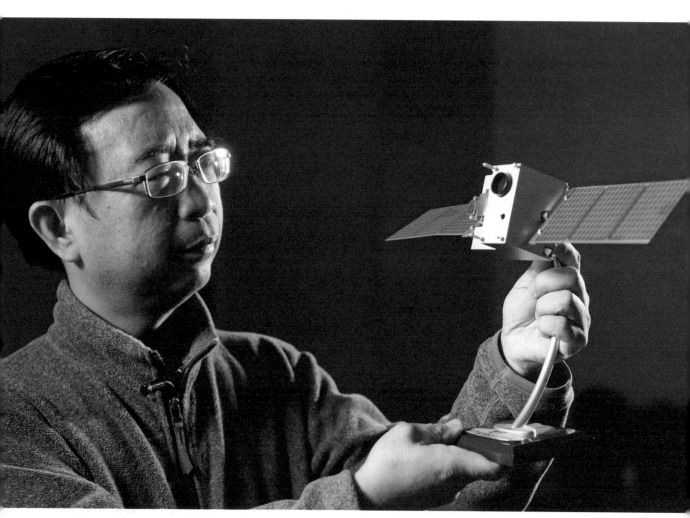

▲ 中科院院士潘建伟在办公室内与"墨子号"量子卫星模型合影（2018 年 12 月 13 日摄）。（新华社记者 张端摄）

潘建伟院士说，至此，"墨子号"三大既定科学目标均成功实现，为我国未来继续引领世界量子通信技术发展和空间尺度量子物理基本问题检验前沿研究，奠定了坚实的基础。

又一个里程碑：为全球量子保密通信网络奠定基础

量子通信如何实现安全、长距离、可实用化，是最大的挑战，全世界这一领域的科学家为之奋斗了几十年。

最直接的方式是光纤传输。但由于量子很"脆弱"，用光纤传输的距离有限：量子通过地面光纤传输的损耗很大，也不能像传统通信一样进行"信号放大"。

"光信号经过外太空的损耗很小，可以扩展量子通信距离。"中科院上海技术物理研究所研究员、量子科学实验卫星工程常务副总师王建宇说，同时，由于卫星具有方便覆盖整个地球的独特优势，是在全球尺度上实现超远距离实用化量子密码和量子隐形传态最有希望的途径。

从本世纪初以来，这个方向就成为国际学术界激烈角逐的焦点，但难度也非常大。王建宇曾打过一个比喻：星地之间的量子联通有多难？就好比在万米高空往地面的一个存钱罐里扔硬币，需要准确地将硬币掷入储蓄罐的狭小入口。

潘建伟团队的研究一直走在世界前沿。对于此次公布的成果，《自然》的物理科学主编卡尔·济耶梅利斯用"非常兴奋"来形容：研究团队用相互纠缠的光子安全传送了至关重要的量子密钥，"量子密钥是保障通信极高保密性的关键"。

"这一成果为构建覆盖全球的量子保密通信网络奠定了可靠的技术基础。"潘建伟说，以星地量子密钥分发为基础，将卫星作为可信中继，可以实现地球上任意两点的密钥共享，将量子密钥分发范围扩展到覆盖全球。

"将卫星、地面站和城际光纤量子通信网互联，可进一步构建覆盖全球的天地一体化保密通信网。"潘建伟说。

量子隐形传态虽然不是传统意义上的"瞬间传送"，但为未来开展空间尺度量子通信网络研究以及空间量子物理学和量子引力实验检验等研究奠定了可靠的技术基础。"这些结果代表了远距离量子通信持续探索中的重大突破"，《自然》杂志审稿人评价。

卡尔·济耶梅利斯说，这两篇论文的发表意味着潘建伟团队顺利完成了三项量子实验的展示，这些实验将会是全球任何基于空间的量子网络的核心组成部分。

国际引领地位：量子卫星的聚合效应显现

随着"墨子号"的全部既定科学目标提前完成，这个项目画上了一个圆满句号，也开启了全球化量子通信、空间量子物理学和量子引力实验检验的大门。

潘建伟介绍，他的研究团队正与欧洲量子通信团队合作进行洲际量子密钥分发，目前已顺利完成和奥地利格拉茨地面站的对接测试，正在开展量子密钥分发实验，即将具备洲际量子保密通话的条件。德国、意大利等国的科研团队也申请加入。

同时，研究团队正在致力实现量子通信与经典光通信相融合的安全信息传输。换句话说，就是让量子保密技术与目前使用的传统通信网络无缝链接。

未来的目标还有很多：构建完整的空地一体广域量子通信网络体系，形成具有国际引领地位的战略性新兴产业和下一代国家信息安全生态系统，探索对广义相对论、量子引力等物理学基本原理的检验……

"墨子号"取得的系列成果，赢得巨大国际声誉，聚合效应已经显现。"标志着我国在量子通信领域的研究，在国际上达到全面领先的优势地位。"白春礼评价，为我国在国际上抢占了量子科技创新制高点，成为国际同行的标杆，实现了"领跑者"的转变。

据了解，"墨子号"量子卫星是中科院空间科学先导专项在"十二五"期间支持的 4 颗科学卫星之一，另 3 颗卫星也都已成功发射。"悟空"暗物质粒子探测卫星、实践十号返回式科学实验卫星、"慧眼号"硬 X 射线调制望远镜卫星均获得了大量科学数据，相关科学成果将陆续发布。

"通过这些项目的实施，力争使我国在基础科学研究领域实现更多的重大突破，同时带动航天技术的发展，为将我国早日建成世界科技强国做出重要的、不可替代的贡献。"白春礼说。（新华社记者董瑞丰、徐海涛）

"墨子号"最难任务：现实版"超时空传输"

科学家在"墨子号"上完成了一项特殊实验：从地面到太空的量子隐形传态。这也是"墨子号"最难做的一项实验，它还常常被人联想到科幻电影《星际迷航》中的超时空传输。它们是一回事吗？

量子隐形传态是量子通信的一个重要内容，它利用量子纠缠可以将物质的未知量子态精确传送到遥远地点，而不用传送物质本身。

这有点像孙悟空的"筋斗云"，也像《星际迷航》中，宇航员在特殊装置中说一句"发送我吧"，他就瞬间转移到另一个星球。

当然，这只是个比喻。科学家指出，量子隐形传态实验中，被传输的是信息而并非实物。把粒子 A 的未知量子态传输给远处的另一个粒子 B，让 B 粒子的状态变成 A 粒子最初的状态。注意传的是状态而不是粒子，A、B 的空间位置都没有变化，并不是把 A 粒子传到远处。当 B 获得这个状态时，A 的状态也必然改变，任何时刻都只能有一个粒子处于目标状态，所以并不

▲ 2016 年 12 月 10 日，在西藏阿里观测站，"墨子号"量子科学实验卫星过境，科研人员在做实验（合成照片）。（新华社记者 金立旺摄）

▶ 在西藏阿里观测站，"墨子号"量子科学实验卫星过境，科研人员在做实验（2016 年 12 月 10 日摄，合成照片）。（新华社记者 金立旺摄）

能复制状态，或者说这是一种破坏性的复制。

潘建伟说，"墨子号"量子隐形传态实验采用地面发射纠缠光子、天上接收的方式。卫星过境时与海拔 5100 米的西藏阿里地面站建立光链路，地面光源每秒产生 8000 个量子隐形传态事例，实验通信距离从 500 公里到 1400 公里，实验传送了 6 个量子态，置信度均大于 99.7%。

他说："这一重要成果为未来开展空间尺度量子通信网络研究，以及空间量子物理学和量子引力实验检验等研究奠定了可靠的技术基础。"

潘建伟介绍，在"墨子号"开展的星地高速量子密钥分发、量子纠缠分发和地星量子隐形传态三大实验中，量子隐形传态实验是最难的。因为前两个实验都是从卫星向地面传送光子，在起初的 490 公里真空中不会受到大气影响，只有最后 10 公里进入大气层最稠密的部分时会受到影响。但是量子隐形传态实验是从地面向卫星发送光子，最初 10 公里就受到影响，到后来光斑被放大，抖动特别厉害，接收效率就会大大降低。

量子隐形传态是 1993 年由六位物理学家联合提出的。1997 年，潘建伟的老师、奥地利物理学家塞林格带领的团队首次实现了传送一个光子的自旋。他们在《自然》上发表了一篇题为《实验量子隐形传态》的文章，潘建伟是第二作者。

事实上，在量子隐形传态的漫长旅程中，每一点距离的进步都可以被视为一座里程碑。虽然最初的传输距离仅为数米，但美国《科学》杂志的评语是："尽管想要看到《星际迷航》中'发送我吧'这样的场景，我们还得等上很多年，但量子隐形传态这项发现，预示着我们将进入由具有不可思议能力的量子计算机发展而带来的新时代。"

人类想离开太阳系去看看，量子隐形传态能否在未来成为人类星际旅行的方式？

潘建伟指出，传送几十、几百个微观粒子会在不久的将来实现，但要传送复杂的实物现在还是一种科学幻想。人是由 10 的 28 次方个粒子组成的，所以人类通过这种方式星际旅行还是个遥不可及的梦想。但他也说，"我不敢说超时空传送真的能实现，但是科学的发展是不能预测的。"

即使这样的科幻永远无法实现，量子隐形传态研究也是有现实意义的。潘建伟说，量子隐形传态可用于量子计算和量子网络方面的研究。科学家正在研发的量子计算机之间未来要实现互联互通，进行协同计算，就需要量子隐形传态。（新华社记者喻菲）

"墨子号"量子卫星成功实现洲际量子密钥分发

中国科学技术大学与中科院上海技术物理所等组成的科研团队，与奥地利科学院安东·塞林格研究组合作，近期利用"墨子号"量子科学实验卫星，在中国和奥地利之间实现距离达 7600 公里的洲际量子密钥分发，并利用共享密钥实现加密数据传输和视频通信。

该成果标志着"墨子号"已具备实现洲际量子保密通信的能力，为未来构建全球化量子通信网络奠定了基础。相关成果以封面论文的形式发表在日前出版的国际学术期刊《物理评论快报》上。

在中奥科研团队合作下，"墨子号"分别与河北兴隆、奥地利格拉茨地面站进行了星地量子密钥分发，通过指令控制卫星作为中继，建立了兴隆地面站与格拉茨地面站之间的共享密钥，实验中获取共享密钥量约 800kbits。基于共享密钥，采用一次一密的加密方式，中奥联合团队在北京到维也纳之间演示了图片加密传输。结合高级加密标准 AES-128 协议，每秒更新一次种子密钥，中奥团队建立了一套北京到维也纳的加密视频通信系统，并利用该系统

▲ 2017年1月18日，世界首颗量子科学实验卫星"墨子号"在圆满完成4个月的在轨测试任务后，正式交付用户单位使用。这是兴隆量子通信地面站望远镜发射出红色信标光（2016年11月25日摄）。（新华社记者 金立旺摄）

成功举行了 75 分钟的中国科学院和奥地利科学院洲际量子保密视频会议。"墨子号"卫星与不同国家和地区的地面站之间实现成功对接,表明了通过"墨子号"卫星与全球范围任意地点进行量子通信的可行性与普适性,并为形成卫星量子通信国际技术标准奠定了基础。

该成果由中科大教授潘建伟及同事彭承志等组成的研究团队,联合中科院上海技术物理研究所王建宇研究组等、微小卫星创新研究院、光电技术研究所、国家天文台、国家空间科学中心等,与奥地利科学院安东·塞林格研究组合作完成。(新华社记者喻菲、徐海涛)

从 32 厘米到 4600 公里！中国构建全球首个星地量子通信网

　　32 年前，人类历史上首次量子通信在实验室诞生，传输了 32 厘米。而今，中国人将这个距离扩展了 1400 多万倍，实现了从地面到太空的多用户通信。中国科学技术大学 7 日宣布，中国科研团队成功实现了跨越 4600 公里的星地量子密钥分发，标志着我国已构建出天地一体化广域量子通信网雏形。该成果已在英国《自然》杂志上刊发。

　　量子通信是量子科技三大方向之一，经过 20 多年努力，中国在该领域实现了从跟跑到领跑的重大转变。2016 年，中国成功发射全球首颗量子科学实验卫星"墨子号"；2017 年，建成世界首条量子保密通信干线"京沪干线"。

　　"墨子号"牵手"京沪干线"，中国科学技术大学潘建伟、陈宇翱、彭承志等与中科院上海技术物理研究所王建宇研究组、济南量子技术研究院及中国有线电视网络有限公司合作，构建了全球首个星地量子通信网。经过两年多稳定性、安全性测试，实现了跨越 4600 公里的多用户量子密钥分发。

◀ 2018 年，上海交通大学金贤敏团队通过"飞秒激光直写"技术制备出节点数达 49×49 的光量子计算芯片。金贤敏介绍，这是目前世界上最大规模的光量子计算芯片。5 月 15 日，在上海交通大学实验室内，金贤敏教授展示制备的芯片。（新华社记者 丁汀摄）

　　"要实现广域量子通信，存在光子损耗、退相干等一系列技术难题，比如光子数在光纤里每传输约 15 公里就会损失一半，200 公里后只剩万分之一。"潘建伟说，科研团队在光学系统等方面发展了多项先进技术，化解了这些难题。

　　潘建伟介绍，《自然》杂志审稿人评价称，这是地球上最大、最先进的量子密钥分发网络，是量子通信"巨大的工程性成就"。

　　据了解，整个网络覆盖我国四省三市 32 个节点，包括北京、济南、合肥和上海 4 个量子城域网，通过两个卫星地面站与"墨子号"相连，总距离 4600 公里，目前已接入金融、电力、政务等行业的 150 多家用户。

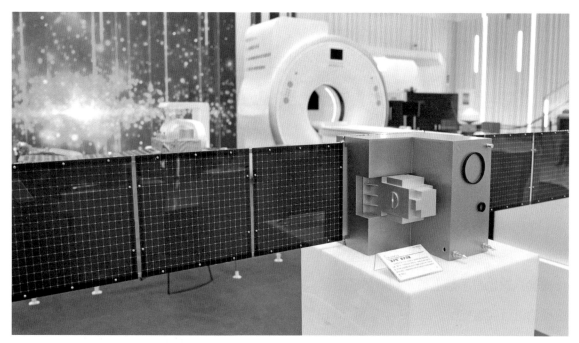

▲ 安徽创新馆"墨子号"量子卫星模型（2020年8月25日摄）。（新华社记者 刘军喜摄）

　　基于"不可分割""不可克隆"等量子特性，量子通信被称为"原理上无条件安全"的通信方式，在多领域具有应用前景。星地量子通信网的建成，为未来实现覆盖全球的"量子网"奠定科技基础，也为相对论、引力波等科学研究，提供了前所未有的"天地实验室"。（新华社记者徐海涛、刘方强）

"墨子号"首次太空实验：尝试结合量子力学与广义相对论

中国科学技术大学、美国加州理工学院、澳大利亚昆士兰大学等机构的科学家合作，利用我国"墨子号"量子科学实验卫星对一类预言引力场导致量子退相干的理论模型进行了实验检验。这也是国际上首次利用量子卫星，在地球引力场中对尝试结合量子力学与广义相对论理论进行实验检验。2019年9月20日，国际权威学术期刊《科学》发表了该成果。

量子力学和广义相对论是现代物理学的两大支柱。近百年来，国际科学界试图融合量子力学和广义相对论的工作遇到极大困难。在目前已知的四种基本相互作用中，电磁、弱相互作用和强相互作用都已量子化，而且已经统一，唯有关于引力作用的量子化问题一直悬而未决。目前关于如何融合量子力学和引力理论的讨论，模型众多，但都缺乏实验检验。

近年来，有澳大利亚学者提出了一个"事件形式"理论模型，探讨了引力可能导致的量子退相干效应，并提出一个现实可行的试验方案。该方案预言，纠缠光子对在地球引力场中的传播，其关联性会概率性地损失。

我国发射的全球首颗量子科学实验卫星"墨子号"正是检验这一理论的理想平台。近期，中国科学技术大学潘建伟教授及其同事彭承志、范靖云等与美国加州理工学院、澳大利亚昆士兰大学等单位的科研工作人员合作，在国际上率先在太空开展引力诱导量子纠缠退相干实验检验，对穿越地球引力场的量子纠缠光子退相干情况展开测试。

通过一系列精巧的实验设计和理论分析，他们的实验令人信服地排除了"事件形式"理论所预言的引力导致纠缠退相干现象；在实验观测结果的基础上，该工作对之前的理论模型进行了修正和完善。修正后的理论表明，在"墨子号"现有 500 公里轨道高度下，纠缠退相干现象将表现得比较微弱，为了进一步进行确定性的验证，未来需要在更高轨道的实验平台开展研究。

据悉，这是国际上首次利用量子卫星在地球引力场中对尝试结合量子力学与广义相对论的理论进行实验检验，将极大地推动相关物理学基础理论和实验研究。

我国"墨子号"卫星实现量子安全时间传递奠定未来导航基础

2020 年，潘建伟与同事彭承志、徐飞虎等人利用"墨子号"量子科学实验卫星，在国际上首次实现了量子安全时间传递的原理性实验验证，精度达到 30 皮秒（1 皮秒等于 1 万亿分之一秒）的世界先进水平，为未来构建安全的卫星导航系统奠定基础。日前国际知名学术期刊《自然·物理》发表了该成果。

高精度的时间传递，是人们日常生活中使用导航、定位等应用的核心技术。近年来，时间传递的安全性越来越受关注，计算机网络、金融交易市场、电力能源网络等系统都需要统一的时间基准，如果这些系统遭受到数据篡改、信号欺骗等恶意攻击，引起的时间错误将会导致网络崩溃、导航失准等重大事故。

潘建伟团队研究认为，量子通信技术可以带来新的解决方案，基于量子的"不可克隆"原理，以单光子量子态为载体的时间传递技术可以从根本上保证信号传输过程的安全性。近期，他们在国际上首次提出了"基于双向自由空间量子密钥分发技术的量子安全时间同步方案"，将单光子量子态同时作为时间传递和密钥分发的信号载体，进行时间同步和密钥生成。用这个过程中生成的密钥来加密经典时间数据，从而实现时间数据的安全传输。

利用"墨子号"量子科学实验卫星，潘建伟团队突破了星地单光子时间传递、高速率星地双向异步激光时间应答器等技术难点，实现了星地量子安全时间同步的技术验证，获得了30皮秒精度的星地时间传递，此精度达到了星地激光时间传递的世界先进水平。

这项研究得到了《自然·物理》审稿人的高度评价，认为在空间量子实验领域又一次超越了现有技术水平，研究成果对量子技术的实用化非常重要，将显著推动量子精密测量相关领域的研究和应用。（新华社记者徐海涛、董瑞丰）

"墨子号"卫星亮绝技 量子通信概念脉动

中国"墨子号"量子科学实验卫星在国际上首次成功实现从卫星到地面的高速量子秘钥分发——2017 年 8 月 10 日，随着这一重大科技成果发表在国际权威学术刊物《自然》杂志上，中国科学家向建立"无法破解"的全球通信网络又迈进了关键一步，标志着我国在量子通信领域的研究在国际上达到全面领先的优势地位。机构分析人士表示，量子通信技术研究及产业化进展积极，科技类主题布局的时间窗口将逐步来临，坚定看好量子通信的主题性投资机会。

量子通信迈向实用化

"墨子号"卫星于 2016 年 8 月 16 日成功发射，运行一年来圆满完成星地高速量子秘钥分发、量子纠缠分发和地星量子隐形传态实验三大预先设定的全部科学目标，成为量子通信通向实用化的"关键一步"。

▲ 2017 年 6 月发布的美国《科学》杂志封面上,"墨子号"从星空向地面发出两道光,宛如两条长腿跨出一大步,也象征量子通信向实用迈近一大步。杂志刊发了中国科学技术大学教授、量子卫星项目首席科学家潘建伟等人的论文。(新华社记者 金立旺摄)

量子卫星首席科学家、中国科学院院士潘建伟表示,这一重要成果为构建覆盖全球的量子保密通信网络奠定了可靠的技术基础。以星地量子秘钥分发为基础,将卫星作为可信中继,可以实现地球上任意两点的秘钥共享,将量子秘钥分发范围扩展到覆盖全球。此外,将量子通信地面站与城际光纤量子保密通信网(如合肥量子通信网、济南量子通信网、京沪干线)互联,可以构建覆盖全球的天地一体化保密通信网络。

与经典通信不同,量子秘钥分发通过量子态的传输,在遥远两地的用户共享无条件安全的秘钥,利用该秘钥对信息进行"一次一密"的严格加密,这是目前人类唯一已知的不可窃听、不可破译的无条件安全的通信方式。

早在 20 世纪 90 年代，美国政府就开始把量子信息列为"保持国家竞争力"计划的重点支持项目。美国国家标准语技术研究所（NIST）则将量子信息作为三个重点研究方向之一，之后包括政府研究机构、大学研究所和企业研发部门都开始了对量子通信的大范围研究。2016 年 4 月，欧盟委员会宣布计划启动 10 亿欧元的量子技术旗舰项目，目标是在欧洲范围内实现量子技术产业化。在亚洲，日本邮政省在 2000 年就将量子通信列为一项国家级高技术开发项目，并且制定长达 10 年的中长期研究计划，目前日本已经形成了"产官学"联合攻关方式来推进量子通信的研究与应用。

中国量子通信走在世界前列，中国率先建立了多个城际量子干线网，并发射全球第一颗量子科学试验卫星"墨子号"，首次实现卫星和地面间量子通信。中国的宏伟目标是到 2030 年在全球率先建立量子通信网络。目前，量子通信正逐步从实验阶段过渡到应用阶段。在技术上，我国的量子通信技术已经完全能够适用商用要求，通过地基实验在信道损耗和噪声水平方面有效验证了未来构建基于量子星座的星地、星间量子通信网络的可信性。

产业化进展积极

今年以来，我国量子通信技术研究及产业化进展积极。应用产业上，全球首条量子通信商用沪杭干线全线接通；第一条商用量子通信专网——济南市党政机关量子通信专网顺利通过测试；此外，"马约拉纳费米子"的发现将大幅推进量子计算机的研发进程，传统通信加密方式将面临挑战，量子通信技术（理论上不可破解）需求愈发迫切。

根据 Global Industry Analysts Inc 公司预测，2020 年量子通信主要是研究机构和国家安全部门在使用，预计占比为 73.10%；到 2030 年大规模企业（包括银行）将成为量子通信主要客户，占比达到 43.50%，是 2020 年的 2 倍之多。招商证券分析师表示，目前量子保密通信运用较为成熟的领域分别是国防、金融、政务专网。其中 2—3 年内政务板块预测将由 50 亿元以上的市场规模，长期将有数百亿元以上的市场。而一旦成本得到有效控制，无条件安全的量子通信将占领公众网广阔的市场。

例如，2017 年在银监会指导下，国盾量子先后助力工商银行实现异地数据千公里级量子加密传输应用，为交通银行打造企业网银量子保密通信创新应用，与北京农商行打造环网多路由保护的量子保密通信同城数据灾备应用，在上海建成全球最大的金融服务量子通信城域网——上海张江金融网络。

川财证券表示，量子通信产业链按照上中下游分为设备、网络建设、运营以及应用服务三个层次，上游包括芯片及对应的光量子探测器，中游为量子设备、配套的光通信设备及光纤，下游为具体的量子通信干线、基站建设商和运营商。一般而言，新兴产业基建先行，由于量子通信产业仍处在早期阶段，基础设施投入将逐步加大、应用逐渐成型，建议重点关注设备和网络建设相关公司。其认为，硬件设备和信心系统是量子通信技术的核心，也是当前时点率先受益的方向。

兴业证券则提出量子通信行业和策略"共振"逻辑，并认为从行业角度出发，主题正处于行业的快速发展期，我国计划 2020 年实现亚洲与欧洲的洲际量子密码通信，2030 年建成全球化的广域量子通信网络，市场规模短期内爆发式扩张，千亿元市场将加速形成。从策略角度出发，具有上下推动需求一致、想象空间大一级催化事件密集三个特征：首先，中央和地方政府支持政策密集出台，产业资本也积极响应布局量子通信；其次，量子通信应用范围广泛，多个新领域的技术突破或新项目的落地将带来多轮行情接力，同时也有望接力继高铁、核电"走出去"的重任：最终，多个重磅项目（如国内首条量子商用干线"杭沪量子商用干线"）陆续落地将持续催化市场对量子通信板块的预期。（新华社记者叶涛）

Chapter

05

第五章

中国量子科学家的故事

实现里程碑式突破！中国量子计算原型机 "九章" 问世

　　我国科学家 2020 年 12 月 4 日宣布构建了 76 个光子（量子比特）的量子计算原型机 "九章"。以速度来看，求解数学算法高斯玻色取样的速度只需 200 秒，而目前的超级计算机要用 6 亿年。

在一个特定赛道上，200 秒的"量子算力"，相当于目前"最强超算"6 亿年的计算能力！

这台由中国科学技术大学潘建伟、陆朝阳等学者研制的 76 个光子的量子计算原型机，推动全球量子计算的前沿研究达到一个新高度。尽管距离实际应用仍有漫漫长路，但成功实现了"量子计算优越性"的里程碑式突破。

"九章"优胜在何处？里程碑式跨越如何实现？"算力革命"走向何方？记者就这些问题采访了潘建伟团队。

算力新高度　技术三优势

"量子优越性"——横亘在量子计算研究之路上的第一道难关。

这是一个科学术语：作为新生事物的量子计算机，一旦在某个问题上的计算能力超过了最强的传统计算机，就证明了量子计算机的优越性，跨过了未来多方面超越传统计算机的门槛。

多年来，国际学界一直高度关注、期待这个里程碑式转折点到来。

2019 年 9 月，美国谷歌公司宣布研制出 53 个量子比特的计算机"悬铃木"，对一个数学问题的计算只需 200 秒，而当时世界最快的超级计算机"顶峰"需要 2 天，因此他们在全球首次实现了"量子优越性"。

近期，中科大潘建伟团队与中科院上海微系统与信息技术研究所、国家并行计算机工程技术研究中心合作，成功构建 76 个光子的量子计算原型机"九章"。

"取名'九章'，是为了纪念中国古代著名数学专著《九章算术》。"潘建伟说。

实验显示，"九章"对经典数学算法高斯玻色取样的计算速度，比目前世界最快的超算"富岳"快一百万亿倍，从而在全球第二个实现了"量子优越性"。

高斯玻色取样是一个计算概率分布的算法，可用于编码和求解多种问题。当求解 5000 万个样本的高斯玻色取样问题时，"九章"需 200 秒，而目前世界上最快的超级计算机"富岳"需 6 亿年；当求解 100 亿个样本时，"九章"需 10 小时，"富岳"需 1200 亿年。

潘建伟团队表示，相比"悬铃木"，"九章"有三大优势：一是速度更快。虽然算的不是同一个数学问题，但与最快的超算等效比较，"九章"比"悬铃木"快 100 亿倍。二是环境适应性。"悬铃木"需要零下 273.12 摄氏度的运行环境，而"九章"除了探测部分需要零下 269.12 摄氏度的环境外，其他部分可以在室温下运行。三是弥补了技术漏洞。"悬铃木"只有在小样本的情况下快于超算，"九章"在小样本和大样本上均快于超算。

"打个比方，就是谷歌的机器短跑可以跑赢超算，长跑跑不赢；我们的机器短跑和长跑都能跑赢。"他们说。

20 年努力攻克三大技术难关

对于"九章"的突破，《科学》杂志审稿人评价这是"一个最先进的实验""一个重大成就"。

多位国际知名专家也给予高度评价。"这是量子领域的重大突破，朝着研制比传统计算机更有优势的量子设备迈出一大步！我相信成果背后付出了巨大的努力。"德国马克斯·普朗克研究所所长伊格纳西奥·西拉克说。

▲ 2020 年 12 月 4 日，中国科学技术大学宣布该校潘建伟等人成功构建 76 个光子的量子计算原型机"九章"，求解数学算法高斯玻色取样只需 200 秒。这一突破使我国成为全球第二个实现"量子优越性"的国家。这是 100 模式相位稳定干涉仪：光量子干涉装置集成在 20cm20cm 的超低膨胀稳定衬底玻璃上，用于实现 50 路单模压缩态间的两两干涉，并高精度地锁定任意两路光束间的相位。（新华社发）

◀ 2020 年 12 月 4 日，中国科学技术大学宣布该校潘建伟等人成功构建 76 个光子的量子计算原型机"九章"，求解数学算法高斯玻色取样只需 200 秒。这一突破使我国成为全球第二个实现"量子优越性"的国家。这是光量子干涉示意图。（新华社发）

美国麻省理工学院教授德克·英格伦认为，这是"一项了不起的成就""一个划时代的成果"。

加拿大卡尔加里大学量子研究所所长巴里·桑德斯说，毫无疑问，这个实验结果远远超出了传统机器的模拟能力。

据了解，潘建伟团队这次突破历经了 20 年努力，从 2001 年开始组建实验室，他们曾多次刷新量子纠缠数量的世界纪录。"九章"的突破，主要攻克了三大技术难关：高品质量子光源、高精度锁相技术、规模化干涉技术。

其中的高品质量子光源，是目前国际上唯一同时具备高效率、高全同性、高亮度和大规模扩展能力的量子光源。"比如说，我们每次喝下一口水很容易，但要每次喝下一个水分子非常困难。"中科大教授陆朝阳说，高品质光源要保证每次只"放出"1 个光子，且每个光子要一模一样，这是巨大挑战。同时，锁相精度要控制在 10 的负 9 次方以内，相当于传输一百公里距离，偏差不能超过一根头发丝的直径。

此外，为了核验"九章"算得"准不准"，他们用超算同步验证。"10 个、20 个光子的时候，结果都能对得上，到 40 个光子的时候超算就比较吃力了，而'九章'一直算到了 76 个光子。"陆朝阳说，另一方面，超算的耗电量太大，计算 40 个光子时需要电费 200 万元，41 个光子需要 400 万元，42 个光子需要 800 万元，推算下去将是天文数字。

"算力革命"跃马人类未来

当前，量子计算已成为全球各国竞相角逐的焦点。比如近期，欧盟宣布拟投资 80 亿欧元，研究量子计算等新一代算力技术。

"量子计算机在原理上具有超快的并行计算能力，可望通过特定算法在密码破译、大数据优化、天气预报、材料设计、药物分析等领域，提供比传统计算机更强的算力支持。"潘建伟说。

据了解，国际主流观点认为，量子计算机的发展将有三个阶段：

第一阶段，研制50个到100个量子比特的专用量子计算机，实现"量子优越性"里程碑式突破。

第二阶段，研制可操纵数百个量子比特的量子模拟机，解决一些超级计算机无法胜任、具有重大实用价值的问题，比如量子化学、新材料设计、优化算法等。

第三阶段，大幅提高量子比特的操纵精度、集成数量和容错能力，研制可编程的通用量子计算原型机。

目前，"九章"还处在第一阶段，但在图论、机器学习、量子化学等领域具有潜在应用价值。

潘建伟团队表示，"量子优越性"实验并非一蹴而就的工作，而是更快的经典算法和不断提升的量子计算硬件之间的竞争，但最终量子计算机会产生传统计算机无法企及的算力。下一步，他们将在光子、超导、冷原子等多条技术线路上推进研究。

"我对量子计算的前景非常乐观，世界上有很多聪明人在做这件事，包括我的中国同事们。"奥地利科学院院长、美国科学院院士安东·塞林格预测，很有可能有朝一日量子计算机会被广泛推广，"每个人都可以使用"。（新华社记者徐海涛、董瑞丰、周畅）

探"微观世界"，抓"关键变量"：中国科学家与量子"纠缠"的故事

约一个世纪前，"上帝到底掷不掷骰子"的爱因斯坦 – 玻尔论战，为人类开启了量子世界之门。

进入 21 世纪，量子科技发展突飞猛进。习近平总书记指出，加快发展量子科技，对促进高质量发展、保障国家安全具有非常重要的作用。

要让量子技术这个决胜未来的关键掌握在中国人手中！这是"中国量子军团"心中的梦想火种。

120 年前量子论诞生之时，中国只能做看客。而今，凭借一批科学家取得的多光子纠缠、量子反常霍尔效应、"墨子号"卫星等突破，中国已成为全球"第二次量子革命"的重要推动者与引领者。

百年量子，探究微观世界推动人类文明

清华大学物理系一间普通办公室，阳光穿过窗户洒满书桌。中科院院士薛其坤正伏案工作，他关注着世界量子科研的新进展，也思考着如何加快培养青年人才。

个子不高、乡音浓浓，从沂蒙山区走出来的薛其坤，朴实而风趣。奋斗与执着，是无数次接近真理的过程，也是他量子路上的人生信条。

量子反常霍尔效应——全球物理学最热门的课题之一，因薛其坤团队的首次成功观测，

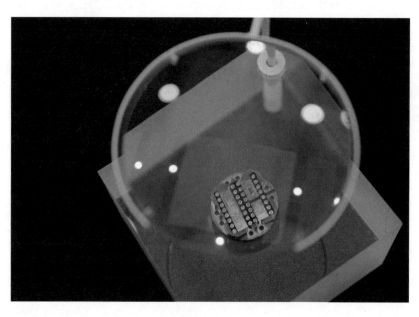

◀ 这是量子反常霍尔效应测量用的低温样品架和样品（2019年 12 月 23 日摄）。当日，中科院院士薛其坤携清华大学量子反常霍尔效应研究团队，将自主研发的 8 件关键性科学仪器实物捐赠给国家博物馆。（新华社记者 金良快摄）

▲ 2016 年 5 月 25 日，在中科院量子信息与量子科技前沿卓越创新中心内的量子模拟实验室，工作人员正在调试超冷原子光晶格平台的激光伺服系统。该平台可以人工操纵冷原子的量子状态，从而模拟一些难以操纵的、复杂物理系统的机制。（新华社记者 才扬摄）

中国标注了量子研究新高度。这项成果将推动新一代低能耗电子器件发展，加速信息革命进程。

1900 年，德国物理学家普朗克提出量子论，如今它与相对论并称现代物理学两大支柱。但 20 世纪初，量子论以其"怪异""悖论"引起轩然大波。

"什么纠缠、叠加，量子理论为什么这么怪？"1992 年，一个名叫潘建伟的中国科学技术大学本科生，在毕业论文中向量子论发起挑战。始于此，他迷上了微观世界的奥妙与未知，一生与量子"纠缠"。

20 世纪，量子论催生出核能、激光、半导体，进而发展出计算机、手机、互联网，史称第一次量子革命。21 世纪以来，新发现、新技术密集涌现，"第二次量子革命的战鼓已敲响！"英国《自然》杂志说。

量子科技的潜力难以想象：量子通信理论上可做到绝对保密，量子计算让运算能力指数级增长，量子测量则将精度提升至"原子级"。

世界竞逐因此你追我赶。

创新自信，中国崛起为世界"量子劲旅"

2000 多年前的墨子不会想到，他的名字有朝一日会成为中国科技创新的一个标志。

全球首颗量子卫星"墨子号"于 2016 年发射，这意味着，中国将"绝对保密"的量子通信向实用化推进了一大步。

41 岁当选院士，46 岁带领团队发射"墨子号"，47 岁建成世界首条量子通信干线"京沪干线"……如今已名震国际学界的潘建伟认为，能拥抱"中国机遇"，是他最大的幸运。

当前，量子科技已是多国战略布局的重点。但很少有人知道，研究量子有多难。

中科院院士王建宇比喻，实现量子卫星"天地实验"，"相当于人在万米高空，把硬币扔进地面的一个储钱罐"。

中科大教授郭国平说，研制量子计算机，就像"用原子垒起一座金字塔"。

中国量子信息研究起步比发达国家晚了约 20 年。但 21 世纪以来，中国异军突起，取得了多项重大原创成果——

多次刷新量子纠缠数量的世界纪录，2013 年首次观测到量子反常霍尔效应，2017 年开通"京沪干线"实现世界首次洲际量子保密通信……

英国《自然》杂志评价，中国在量子领域，"从 10 年前不起眼的国家发展为现在的世界劲旅"。

"中国量子科研正处在黄金时代。""墨子号"副总设计师彭承志说，日益强大的国力、催人奋进的氛围是根本保障。

关键变量，小小量子有望撬动远大未来

创新决胜未来，人才关乎成败。

日前，2020 国际量子大会召开，吸引了全球 103 个国家和地区数千名学者参会，38 岁

▲ 科研人员在位于安徽合肥的中国科学技术大学先进技术研究院量子通信"京沪干线"总控中心工作（2017年9月29日摄）。（新华社记者 刘军喜摄）

的中科大教授陆朝阳任组委会主席。

越来越多的青年闯入微观世界，在与量子的"纠缠"中崭露锋芒，"敢于冒险"的火花在创新中绽放。

34岁的中科大教授林毅恒，成功制备出原子和分子间"跨界"量子纠缠；合肥本源量子

▲ 这是 2020 年 11 月 6 日拍摄的位于安徽省合肥市的"量子大道"及周边建筑（无人机照片）。（新华社记者 周牧摄）

公司董事长孔伟成是个"90 后"，目标是 3 年内研制出 50 到 100 比特的量子计算机……

习近平总书记强调，当今世界正经历百年未有之大变局，科技创新是其中一个关键变量。

目前，量子科技处于从实验室迈向市场的关键期。我国量子科技发展存在不少短板，面临多重挑战。

潘建伟认为，我国量子通信研究水平国际领先，量子计算与发达国家处于同一水平线，量子测量还有差距。"我们必须统筹创新要素，牢牢掌握创新和发展主动权！"

"像婴儿一样，刚学走路的时候跌跌撞撞，之后便会健步如飞走上大道。"中科院院士郭光灿认为，应抢抓机遇推动量子应用。

抓关键变量，增发展动能。

在北京，成立了量子信息科学研究院推动产业化；在安徽合肥，产业聚集的"量子大街"初具规模；在山东济南，规划到 2030 年实现量子产业规模 300 亿元……

"莱特兄弟发明的第一架飞机只飞了 12 秒，但它证明了人类能飞上天空。"陆朝阳说，随着对量子规律更深刻的认识，量子科学将开启人类更美好的未来。（新华社记者刘菁、陈芳、徐海涛）

"量子 U 盘""祖冲之号"……中国科学家冲刺量子科技

我们无人机量子组网研究取得新突破

2021 年 1 月 19 日记者从南京大学获悉，该校中科院院士祝世宁团队将两架无人机编组，通过光学中继，在相距 1 千米的两个地面站之间实现了纠缠光子分发，显示出多节点移动量子组网的可行性，标志着量子网络向实用化迈出关键一步。

据项目负责人谢臻达、龚彦晓教授介绍，研究人员使用两架无人机，以光学中继的方式，在相距 1 千米的两个地面站之间实现了纠缠光子分发。

去年，该团队在国际上首次实现单一无人机和两个地面站之间的纠缠光子分发，我国学术刊物《国家科学评论》报道了相关成果。"我们的目标是构建量子网络，就必须实现无人机'从一到二'的跨越。"祝世宁说。

"构建信息网络，必须依靠中继。"谢臻达告诉记者，"对中继的要求，一是损耗要小，二要保真度高。我们首次使用光学中继以减少损耗，增加了一架无人机，将其作为第一架无人

机和地面站之间的光学中继节点。"

"无人机的载荷只有几千克，在相距 1 千米的两个地面站之间，要让移动中的无人机实现单光子的高精度跟瞄接收和重新发射，犹如百步穿杨。"龚彦晓介绍，通过多次实验，团队证明光学中继高度保持了光子对的纠缠特性，是一个有效的量子链路。

谢臻达说，未来可以通过高空巡航无人机建立 300 公里以上的量子链路，低成本的小型无人机负责城市和农村的小范围量子通信，充分利用无人机编组的灵活性，构建移动量子网络。

我国科学家刷新世界纪录迈向"量子 U 盘"

光以每秒 30 万公里的速度运动，让它"慢下来"乃至"停留下来"，是重要的科研问题。

中国科学技术大学 2021 年 4 月 25 日发布消息，该校李传锋、周宗权研究组近期成功将光存储时间提升至 1 小时，大幅刷新 8 年前德国团队创造的 1 分钟的世界纪录，向实现量子 U 盘迈出重要一步。国际学术期刊《自然·通讯》日前发表了该成果，审稿人认为"这是一个巨大成就"。

光是现代信息传输的基本载体，光纤网络已遍布全球。光的存储在量子通信领域尤其重要，因为用光量子存储可以构建量子中继，从而克服传输损耗建立远程通信网。另一种远程量子通信解决方案是量子 U 盘，即把光子保存起来，通过运输 U 盘来传输量子信息。考虑到飞机和高铁等运输工具的速度，量子 U 盘的光存储时间需要达到小时量级，才有实用价值。

李传锋、周宗权研究组长期研究这一领域，他们 2015 年研制出光学拉曼外差探测核磁共振谱仪，刻画了掺铕硅酸钇晶体光学跃迁的完整哈密顿量。近期，他们在实验上取得重大突破，结合"原子频率梳"等技术，成功实现光信号的长寿命存储。在实验中，光信号经历了光学激发、自旋激发、自旋保护脉冲等一系列操作后，被重新读取为光信号，总存储时间达到 1 小时，而且光的相位存储"保真度"高达 96.4±2.5%。

"简单来说，我们就是用一块晶体把光'存起来'，一个小时后取出来发现，它的相位、偏振等状态信息还保存得很好。"李传锋说，光的状态信息很容易消失，这个研究大大延长了保存的时间，也因此有望催生一系列创新应用。比如，将两台相距较远的望远镜捕捉到的光，保存后放到一起进行"干涉"处理，可以突破单个望远镜的尺寸局限，大幅提升观测的精度。

量子 U 盘对构建全球量子通信网具有重要意义。李传锋介绍，为实现量子 U 盘，不仅要高精度的"留住光"，还要提升信噪比，这也是他们下一步努力的方向。

我国成功研制 62 比特量子计算原型机"祖冲之号"

2021 年 5 月，中国科学技术大学在量子科技研究方面捷报频传。该校潘建伟院士团队近期成功研制了目前国际上超导量子比特数量最多的量子计算原型机"祖冲之号"，操纵的超导量子比特达到 62 个，并在此基础上实现了可编程的二维量子行走。国际权威学术期刊《科学》发表了该研究成果。

量子计算机作为世界科技前沿重大挑战之一，已成为各国角逐的焦点。量子计算机在原理上具有超快的并行计算能力，可望通过特定算法在密码破译、大数据优化、天气预报、材料设计、药物分析等领域，提供相比传统计算机指数级别的加速。

国际学术界研究量子计算有多条技术路线，超导量子计算是其中最有希望的候选者之一，其核心研究目标是增加"可操纵"的量子比特数量，并提升操纵的精度，最终应用于实际问题。

中科大潘建伟、朱晓波、彭承志等人长期研究超导量子计算，先后实现了保真度达 70% 的 12 比特超导量子芯片、24 个比特的高性能超导量子处理器等国际前沿成果。近期，他们在自主研制二维结构超导量子比特芯片的基础上，成功构建了目前国际上超导量子比特数目

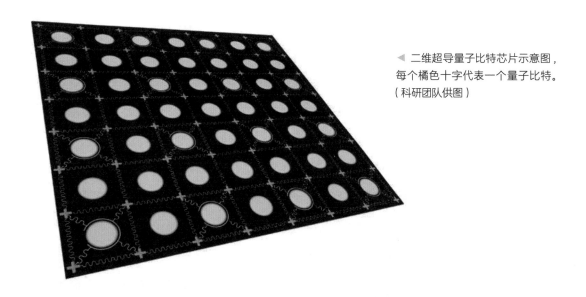

◀ 二维超导量子比特芯片示意图，每个橘色十字代表一个量子比特。（科研团队供图）

最多、包含 62 个比特的可编程超导量子计算原型机"祖冲之号"。

　　研究团队在二维结构的超导量子比特芯片上，观察了单粒子及双粒子激发情形下的量子行走现象，实验研究了二维平面上量子信息传播速度，同时通过调制量子比特连接的拓扑结构的方式构建马赫—曾德尔干涉仪，实现了可编程的双粒子量子行走。

　　据悉，该成果为在超导量子系统上实现量子优越性，以及后续研究具有重大实用价值的量子计算奠定了技术基础。此外，基于"祖冲之号"量子计算原型机的二维可编程量子行走，在量子搜索算法、通用量子计算等领域具有潜在应用，也将是后续重要的发展方向。

中国学者实验实现量子信息掩蔽

中国科学技术大学郭光灿院士团队李传锋、许金时等人与上饶师范学院李波、梁晓斌以及南开大学陈景灵合作，通过实验实现光量子信息的掩蔽，成功将量子信息隐藏到非局域的量子纠缠态中。这一成果展示了量子信息掩蔽作为一种全新量子信息处理协议的可行性，对量子保密通信的理论研究和实际应用具有重要意义。相关成果发表于《物理评论快报》。

量子信息掩蔽是将量子信息由单个量子载体完全转移到多个载体间的量子纠缠态上，这样仅从单个载体上将提取不到任何信息。量子信息掩蔽不仅在量子秘密共享、量子比特承诺等实际量子信息任务中具有广泛应用，也有助于深化对量子信息守恒等基本问题的理解。

研究组基于量子信息掩蔽，进一步实现了三方量子秘密共享，并用来完成简单图像的安全传输。结合先前的实验工作，他们还利用量子信息掩蔽操作构造出无消相干子空间，展现了量子信息掩蔽在容错量子通信上的应用价值。

中国主导国际团队研发新型可编程光量子芯片

此外，中国科研人员主导的国际团队 2021 年 2 月 26 日在美国《科学进展》期刊上发表论文说，他们研发出一款新型可编程光量子计算芯片，实现多种图论问题的量子算法求解，有望应用在数据搜索、模式识别等领域。

国防科技大学、军事科学院、中山大学、北京量子信息科学研究院等中国科研机构的研究人员与多国科研人员合作，采用硅基集成光学技术，设计并研发出这款新型可编程光量子计算芯片，能够实现多粒子量子漫步的完全可编程动态模拟。

　　论文第一作者及通讯作者、军事科学院国防科技创新研究院研究员强晓刚表示，该芯片首次实现了对量子漫步演化时间、哈密顿量、粒子全同性及交换特性等要素的完全可编程调控，从而支持实现多种基于量子漫步模型的量子算法应用。

　　据论文共同通讯作者、中山大学教授蔡鑫伦介绍，光量子芯片技术采用微纳加工工艺在单个芯片上集成大量光量子器件，是实现光量子计算机大规模应用的有效途径。论文共同通讯作者、国防科技大学研究员吴俊杰表示，随着芯片规模及光量子数目的增加，该芯片的计算能力将快速增长，但实现真正实用化的量子计算仍需克服一系列技术挑战。（新华社记者陈席元、徐海涛、周畅、谭晶晶）

（这条大路不一般，探访"量子大道"）

"量子追梦人"潘建伟

"近代科学没能在中国诞生，中国人能不能赶上科学前沿、引领重大创新？"潘建伟说，"中国科研工作者都憋着一股劲儿，希望通过自己的努力证明，不仅在国外可以做得很优秀，在国内也能做出很好的成就。"

潘建伟，著名物理学家、中国科学技术大学常务副校长。他的"量子雄心"，在祖国的创新热土上，一飞冲天。

留学欧陆，出国是为了更好地回国

潘建伟的"量子梦"始于 20 多年前。

1992 年，中科大本科生潘建伟在毕业论文中，不乏莽撞地向"不合常理"的量子力学理论提出质疑。

"我试图在论文中找个例证，来否认这个理论。"正是在这次"挑战"中，潘建伟迷恋上量子世界的奥妙与未知。从此，他将量子作为一生的研究方向。

当时中国的量子物理研究，无论理论还是实验都远远落后于国际先进水平。1996 年，潘建伟来到量子力学的诞生地奥地利，进入因斯布鲁克大学攻读博士学位。

在量子物理学大师塞林格教授带领下的科研小组里，潘建伟很快崭露头角，1997 年以他为第二作者的论文"实验量子隐形传态"，被美国《科学》杂志评为年度全球十大科技进展。

但成为国际一流学者并不是潘建伟梦想的全部。

第一次见到导师时，赛林格问他："潘，你的梦想是什么？""我的梦想是，在中国建一个和这里一样的世界一流的量子光学实验室。"

追随梦想，潘建伟 2001 年回到祖国，在中国科大与同学杨涛一起组建量子信息实验室。

在基础极为薄弱的状况下，潘建伟组织科研队伍、开展实验室建设，同时与国际先进研究机构保持密切联系。他"国内国外两边跑"，在奥地利维也纳大学、德国海德堡大学等机构从事合作研究。

量子信息研究集多学科于一体，要想取得突破，必须拥有不同学科背景的人才。多年来，潘建伟一直有针对性地选送学生出国留学，把他们送到量子信息研究的优秀国际小组加以锻炼。

近年来，这些年轻人悉数回国，使潘建伟的量子研究团队得到了空前壮大，一支特色鲜明、优势互补的年轻量子信息科研队伍，在中国成型、迸发出惊人的力量。

他们的成果多次入选"国际年度十大科技进展""国际年度物理学重大进展"，十余次入选两院院士评选的"年度中国十大科技进展新闻"。

▲ 中科院院士、中国科学技术大学教授潘建伟在实验室中工作（2012 年 11 月 16 日摄）。（新华社发　中科大宣传部提供）

国际领跑，抢占量子科技创新制高点

以潘建伟等学者为代表的中国科大科研团队，已使中国成为国际量子信息领域的重要研究中心之一。2017 年以来，他们连续实现多项重大突破，使中国在量子信息多个领域成为"国际领跑者"。

——潘建伟团队在 2016 年首次实现十光子纠缠操纵的基础上，利用高品质量子点单光子源构建了世界首台超越早期经典计算机的光量子计算机，实现了目前世界上最大数目超导量子比特的纠缠。

——利用"墨子号"在国际上率先成功实现了千公里级的星地双向量子纠缠分发。他们用严格的科学实证，回答了爱因斯坦的"百年之问"。

——"墨子号"在国际上首次成功实现了从卫星到地面的量子密钥分发和从地面到卫星的量子隐形传态。

至此，"墨子号"三大既定科学目标均成功实现，为我国未来继续引领世界量子通信技术发展和空间尺度量子物理基本问题检验前沿研究，奠定了坚实基础，兼具实用化和科学意义。

"这标志着我国在量子通信领域的研究，在国际上达到全面领先的优势地位。"中科院院长白春礼介绍，为我国在国际上抢占了量子科技创新制高点，成为国际同行的标杆，实现了"领跑者"的转变。

国家力量，为放飞"量子梦"提供坚实根基

"墨子号"连续取得重大科研突破，潘建伟团队牵头研制的全球第一条远距离量子保密通信干线"京沪干线"很快也将全线开通。与卫星、地面站互联，不久后，人类历史上第一个"天地一体化"的洲际量子通信网络将见雏形。

"这是中国几代科学家经过长期积累、共同努力结出的创新成果。"潘建伟认为，经过几十年的持续积累，我国已到了"创新爆发"阶段。

他把量子研究的突飞猛进归功于中国"集中力量办大事"的优势。以"墨子号"卫星为例：中科院上海技术物理研究所、微小卫星创新研究院、光电技术研究所、国家天文台、紫金山天文台、国家空间科学中心……卫星的每一个部件都凝聚了各个科研机构的心血。

"不同机构纷纷给我们提供所需的基础元件，让我们的创新想法有了很好的工程基础。我在欧洲、美国、加拿大的同行，都曾有过这样的科学设想，但没有这样的国家全力支持。"潘建伟说。

　　潘建伟未来的目标还有很多：构建"天地一体化"的广域量子通信网络体系，形成具有国际引领地位的战略性新兴产业和下一代国家信息安全生态系统，探索对广义相对论、量子引力等物理学基本原理的检验……

　　"随着中国科技的迅猛发展，我相信量子通信将在 10 年左右时间辐射千家万户。期盼在我有生之年，能亲眼目睹以量子计算为终端、以量子通信为安全保障的量子互联网的诞生。"潘建伟说，"我相信中国科学家们做得到。"（新华社记者徐海涛、董瑞丰）

郭国平：为中国"量子算力"奋斗

单比特、两比特、三比特、六比特……比特数增长的每一步，对中国科学技术大学教授、国家重大研究计划"半导体量子芯片"首席科学家郭国平与团队来说，都是量子计算研究领域的一大步。他们多年追逐量子中国梦，实现零的突破，跟上国际先进科研机构的节奏。

郭国平说，研究量子计算就像"用一个一个原子垒起一座金字塔"一样难，但为了中国早日有"量子算力"，他愿为此奋斗终生。

一位"科技青年"的报国理想

在蒸汽机时代，马力就是国力；在信息时代，算力就是国力。

中国，一定要有自己的"量子算力"！15 年前，一位在国内接触量子算力的大学生开始萌发心中的理想。

1977 年出生的郭国平是江西南昌人，1996 年考入中科大。在这里，他接触到著名量子信息学家郭光灿的研究团队，开始学习量子光学，从事量子通信及量子信息器件研究。

2005 年，郭国平因为量子通信科研成果获得中科院院长特别奖，同年获得中科大博士学位并留校。但是，他做出了一个"很傻"的决定，放弃已经做得风生水起的量子通信研究，改做量子计算。

20 世纪 80 年代，诺贝尔奖获得者理查德·费曼等人提出构想，基于两个奇特的量子特性——量子叠加和量子纠缠构建"量子计算"。相较于电子计算机，量子计算机理论上的运算能力将有几何级数的增长，被认为是下一代信息革命的关键动力。

"那时候我被认为是'愣头青'。量子计算当时在国内的基础近乎空白，与先发国家差距巨大，研究很花钱，又难出论文。"郭国平说，他愿做"愣头青"，因为"这个东西对国家太重要了"。

从芯片设计到纳米加工、检测、软件编程，量子计算机涉及物理、机械、软件等多个学科。在导师支持下，郭国平建立了半导体量子芯片研究组，竞争国际量子计算的制高点。

经过艰苦努力，研究组在国内首次实验实现了量子霍尔效应，并先后实现了基于半导体的单比特、两比特、三比特量子计算。

为国之算力聚集量子团队

近年来，量子计算研究进展迅速，但产业发展刚起步。"由于缺乏对口的企业，我们早期毕业的博士生可谓'毕业就失业'。"郭国平的第一个博士生张辉说，他毕业后在上海从事金

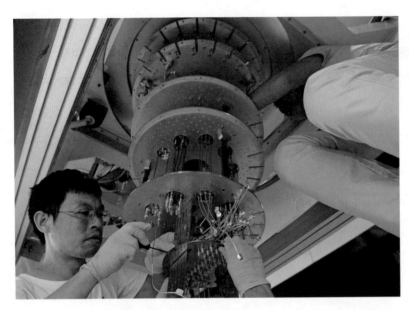

◀ 在安徽合肥的本源量子实验室，科研团队工作人员在装置量子计算制冷系统（2020年9月摄）。（新华社发）

融相关的工作。

人才的流失、产业的缺位，让郭国平坐不住了。

2017年，40岁的郭国平驶上了又一段人生新航道，在实验室里二次创业办起公司——合肥本源量子计算科技有限责任公司。"本源量子"寓意"量子技术追溯科技本源"。

"本源创立之初就是肩负国家使命和个人的情怀理想。我们希望在量子计算上，能够为国家抢到足够多的核心专利，让中国能够在全球量子计算科研领域占有一席之地，能够紧跟国际领先的科技步伐。"郭国平说。

公司初创期间，资金匮乏时，郭国平卖掉自己的一套房子保住公司；公司走上正轨后，郭国平名下股份估值近亿元人民币，他将这些股份无偿分给研发团队的年轻人。

如同一颗磁石，本源吸引来了投资，更吸引了一批与张辉一样的量子专业毕业生回归。团队从 2017 年的 10 余人，到如今的上百人，研发人员占比超过 75%，研究生学历人才超 40%。

"人才是本源量子最大的优势，也是量子计算领域最重要的资源。量子力学有两个概念叫'纠缠'和'相干'，我跟学生说，你们现在散落在全球各个地方，有一天我们会'再纠缠，永相干'，希望你们都能'若有战，召必回'。"郭国平说。

2020 年 9 月，在郭国平带领下，团队自主研发六比特超导量子计算云平台正式上线，全球用户可以在线体验来自中国的量子计算服务。

永不言弃

切割硅基板、在长宽不到一厘米的芯片板上焊线、芯片样品检测分析……出自郭国平团队之手的第一代超导量子芯片被命名为"夸父"。逐梦的故事每天都在上演。

这几年，哪怕是节假日，郭国平不是在实验室，就是在去往实验室的路上。在他看来，如今每一分每一秒都弥足珍贵。目前，世界多国在研制量子计算机，这是一条无形的赛道，都在朝着实现通用型量子计算机的目标努力。

合力，此时显得尤为迫切。郭国平告诉记者，量子计算机的研发，需要多种不同学科、不同产业方向的融合协作，全社会的共同努力。只有越来越多不同行业的企业加入研发，才能让量子计算有更多应用场景，从而极大地推动量子计算机的研制效率。基于这一初衷，本源量子构建了量子计算产业联盟，与金融、生物制药、化学材料、人工智能等产业开展合作。

"我相信，量子计算最终可以服务于我们的衣、食、住、行、医。"谈及未来，郭国平眼里有光：量子计算能够扩展科学界对分子结构和特性进行模拟的能力，有望为新一代药物和疫苗研发、新材料的设计、智能制造等模拟设计提供更强大的工具。

目前，他们已在研发下一代超导量子芯片与量子计算机控制系统，预计今年推出第二代 20 比特的"悟源"超导量子计算机，未来两年内实现 50 比特到 100 比特的量子计算机。

"我们目前取得的成绩，只是'万里长征'走出的一小步。"郭国平说。"但是，正如蒸汽机第一次被装在马车上，谁能想到它孕育着改变世界的力量。"（新华社记者代群、徐海涛、陈诺）

（科技青年周雷的
量子"纠缠"）

突破 500 公里！我国科学家创造现场光纤量子通信新世界纪录

2021 年 6 月，潘建伟教授及同事张强、陈腾云与济南量子技术研究院王向斌、刘洋等合作，突破现场远距离高性能单光子干涉技术，采用两种技术方案分别实现 428 公里和 511 公里的双场量子密钥分发，创造了现场无中继光纤量子密钥分发传输距离的新世界纪录。

量子的"不可克隆"原理，理论上保证了量子通信的安全性，但量子特性也使得量子通信不能像传统光通信那样，通过中继放大信号，因此量子通信的光纤传输距离受到信号损耗的限制。

双场量子密钥分发是一种新技术，适合于实现远距离量子通信。但量子信号特别脆弱，实际应用场景中的声音、震动、温度变化等都会产生干扰，同时光缆的热胀冷缩效应，以及同一光缆中不同光纤间的信号串扰等，都使得现场实现非常困难。

潘建伟团队在连接山东济南与青岛的"济青干线"现场光缆上，基于王向斌提出的"发送—不发送"双场量子密钥分发协议，研发出时频传输技术和激光注入锁定技术，将现场相隔几百公里的两个独立激光器的波长锁定为相同。再针对现场复杂的链路环境，开发了光纤长度及偏振变化实时补偿系统，并精心设计了量子密钥分发光源的波长，通过窄带滤波将串扰噪声滤除。

结合中科院上海微系统所尤立星小组研制的高计数率低噪声单光子探测器，他们将现场无中继光纤量子密钥分发的安全成码距离扩展至 500 公里以上。

据介绍，上述研究成果成功创造了现场光纤无中继量子密钥分发距离的新世界纪录，超过 500 公里的光纤成码率打破了传统无中继量子密钥分发所限定的成码率极限。在实际环境中证明了双场量子密钥分发的可行性，为实现长距离光纤量子网铺平了道路。日前，国际著名学术期刊《物理评论快报》和《自然·光子学》分别发表了他们的研究成果。（新华社记者徐海涛）